古生物学入門

普及版

間嶋隆一
池谷仙之
著

朝倉書店

はじめに

　古生物学とはどのような学問なのか．何を追及し，何を目指しているのだろうか．古生物学は，自然をありのままに記述する自然史科学の一分野である．自然をありのままに記述するということは，単なるスケッチとは違う．たとえば，ある昆虫をありのままに記述することを考えてみよう．この昆虫を一匹捕まえて，どんなに詳しく観察したとしても，それはある地域に生息する，ある成長段階の，雌雄どちらかの形態を見ているにすぎない．この昆虫を「ありのままに記述する」ということの意味は，分布域や生活様式，繁殖様式などを，その生物が生息している場所に行って調査したり，また飼育して観察しなくてはならない．昆虫には雌雄によって形や色が違うものがいるし，成虫とは形態が著しく異なる成長段階を経るのが普通である．さらに，同じ成長段階の雄や雌でも，生息地域によっては形や色や大きさを変えたりする．これらのさまざまな現象を，これまでに得られたあらゆる科学的知識を総動員することによって，この昆虫のありのままの姿を初めて理解し，記述することができるのである．この作業には膨大な時間と労力を要する．時には一人の研究者がその研究生活のすべてを費やすこともある．

　古生物をありのままに記述するのはもっと大変な作業である．化石は過去のある生物の一部分にしかすぎず，化石になる過程でさまざまな変質や変形作用を受けているからである．古生物学では，生物のきわめてわずかな断片から，その生物を復元しなくてはならない．しかも，その生物は私たちにとって未知の分類群に属するかもしれないのである．

　ある自然対象を記述し，その実体を説明する研究を事例研究（case study）という．たとえば，上で述べた，ある昆虫の研究はその昆虫に関する事例研究である．自然史科学は事例研究の世界である．事例研究の蓄積を通じて，それ

ぞれの事例間に共通する抽象的概念が生まれる．たとえば，種の概念や遺伝子の概念，そしてプレートテクトニクスの概念などがそうである．研究者はこのような概念をパラダイムとよんでいる．学問の世界での最高の研究成果は，既製のパラダイムを否定し，新たなパラダイムを提唱することである．なぜなら，研究者はまず既製のパラダイムを駆使して事例の解釈を行おうとするので，新たなパラダイムは以後の研究の指針となり，多くの研究に影響を与えるからである．自然史科学においては，既製のパラダイムを否定する研究は事例研究の中からしか生まれない．なぜなら，新たなパラダイムは既製のパラダイムでは説明できない事例研究から導かれるからである．自然史科学における新たなパラダイムは事例研究を通じてのみ生まれるという認識は大変大事なことである．

　人を最も感動させ，その好奇心をかきたててくれるのは，実際にあった事実を記述した事例研究である．生まれた子の最初の食料として，生きながらにして食べられ，その生涯を閉じるある種の昆虫，成長につれて雄から雌に変化したり，雌雄両性の機能を持つある種の貝類，4億6千万年前に起こった生物の爆発的進化とその時代の直後に現れたバージェスの奇妙な生物，想像もつかない巨大な体を持つ中生代の地球を支配していた恐竜，地球上に何度も起きた生物の大量絶滅などは，私たちの興味を引きつけないではおかない．それらはたしかに日常とはかけ離れた世界ではあるが，現在の，そして過去の地球にいた生物に実際にあり，そして起こったことなのである．日常生活から見れば一見関係のない生物も，地球の歴史の中で私たちと共に生まれ進化した私たちの兄弟である．生物を生み，育んできた地球に住む一員として，私たちは彼らとその祖先，そして彼らの運命に無関心でいられるはずがない．

　自然の営みを探求する作業は大変ではあるがとても楽しい作業である．どんなにつまらないように見える現象でも，それを雑然としか見えなかった自然現象の中から少しでも読みとることができ，理解したときの喜びはこの学問を行った者だけにしかわからない．研究成果を聞いただけで興味をそそられることも多いだろうが，その結果を導くプロセスは何物にも替えがたいほど素晴らしい創造的な行為なのである．

　本書は，古生物学の研究を目指そうとしている高校生，高等学校の理科の先

生，大学生，研究を志向するアマチュアの人たちを主な読書対象として書いた．内容は，一般的な古生物学（化石学）の概論ではなく，私たちの研究哲学や最新の研究成果を取り入れ，全編にわたって「化石をいかに科学するか」を追及したつもりである．私たちの目的は古生物学の成果を示すことにあるのではなく，本書によって動機づけられた「古生物の研究を志す」人が一人でも増えることにある．

研究したいという熱意はあっても，露頭でのデータの取り方や化石をどう取り扱ったらよいのかわからないとか，また適当な指導者や助言者に恵まれなければ，せっかくの熱意も中途半端に終わってしまう．本書はこのような人達の研究実践の書とするため，私たちが蓄積してきた化石研究の具体的なテクニックをできるだけ盛り込むようにした．また，初めて化石に触れる人でも古生物学の全体像を把握できるように配慮して編集したつもりである．

本書の基本構成は6つの章から成り立つ．第1章では基本となる古生物学の学問体系を扱い，古生物学の学問としての多面性と歴史科学的手法の重要性が強調される．第2章では古生物学の扱う対象が検討され，特に化石について考察される．第3章では古生物学における種の問題が議論され，古生物学で扱う種も生物学で扱う種も，基本的には同じ概念に基づくことが強調される．第4章では身近な化石を題材とした具体的な研究テーマにそって，野外でのテクニックや材料の取り扱い，室内作業の詳細が記述される．第4章で取り扱ったテーマは，いずれも最終的に「ある結論」が導かれるまでの研究の流れをできるだけ具体的に紹介する．第5章では論文を書く際の注意点が述べられる．また第6章では幾つかの研究テクニックについて，特に詳細に紹介する．

古生物学も他の多くの学問分野同様，研究の細分化が著しく進んでいる．古生物学全体をカバーする本を私たち2人の知識で書くことはとうてい無理であった．したがって，本書の内容は事例の紹介などを含めて偏りがあることをご承知おき願いたい．

甲能直樹，松岡廣繁，昆 健志，柴崎琢自，中島 礼，舘由紀子，赤松太，成瀬浩祐の各氏には粗稿を読んでいただき，誤りや悪い表現を訂正していただいた．しかし，なお誤りや読みにくい部分が残っているとしたら，それはすべて私たち著者の責任である．長谷川善和博士には，冷凍マンモスの写真を

提供していただいた．また，朝倉書店編集部は，原稿の大幅な遅れを辛抱強くお待ち下さった．以上の方々に心から感謝致します．

1995年12月

間嶋隆一

池谷仙之

目　　次

1. **古生物学の方法** ……………………………………………… 1
   1.1　古生物学の目的 …………………………………………… 2
   1.2　歴史科学としての古生物学 ……………………………… 3
   1.3　古生物学と関連科学 ……………………………………… 7
   1.4　古学物学の課題と将来 …………………………………… 11

2. **化　　石** ……………………………………………………… 17
   2.1　化石の定義 ………………………………………………… 18
   2.2　化石になるまで …………………………………………… 20
   2.3　化石と地質時代 …………………………………………… 28
   2.4　古環境指示者としての化石 ……………………………… 33

3. **化石と種** ……………………………………………………… 39
   3.1　生　理　種 ………………………………………………… 40
   3.2　時間を横切る種 …………………………………………… 43
   3.3　古生物学における種の適用 ……………………………… 47
   3.4　命　名　規　約 …………………………………………… 50

4. **化石の研究法** ………………………………………………… 55
   4.1　高鍋層（鮮新統）における貝化石の産状の研究 ……… 56
   　　4.1.1　露頭で何を観察すればよいのか ………………… 57
   　　4.1.2　化石の予察的観察 ………………………………… 60
   　　4.1.3　化石の予察的な採集 ……………………………… 61

4.1.4　化石の整理 …………………………………………… 63
　　　4.1.5　化石の同定 …………………………………………… 64
　　　4.1.6　露頭の詳細な調査 …………………………………… 70
　　　4.1.7　貝化石の産状の評価 ………………………………… 74
　　　4.1.8　考　　察 ……………………………………………… 77
　　　4.1.9　モデル（仮説） ……………………………………… 78
　　　4.1.10　堆 積 環 境 …………………………………………… 80
　　　4.1.11　成果の評価 …………………………………………… 84
　4.2　大桑層（更新統）での微化石の研究 ……………………… 85
　　　4.2.1　地層の観察 …………………………………………… 87
　　　4.2.2　微化石試料の採集 …………………………………… 94
　　　4.2.3　介形虫化石の摘出（試料の調整） ………………… 97
　　　4.2.4　介形虫化石の摘出（個体の摘出と整理） ………… 103
　　　4.2.5　介形虫類の分類 ……………………………………… 109
　　　4.2.6　古環境解析 …………………………………………… 126

5．論文の作成 ……………………………………………………… 137
　5.1　文　　章 ……………………………………………………… 138
　5.2　図・表 ………………………………………………………… 139
　5.3　標 本 写 真 …………………………………………………… 140
　5.4　参 考 文 献 …………………………………………………… 149
　5.5　文献の探し方 ………………………………………………… 150

6．解　　説 ………………………………………………………… 151
　解説1　地層の走向と傾斜 ………………………………………… 152
　解説2　堆積物の粒度区分 ………………………………………… 155
　解説3　含泥率の測定 ……………………………………………… 157
　解説4　大型化石の採集用具と地質調査用具 …………………… 158
　解説5　大型化石のクリーニング用具 …………………………… 160
　解説6　線方向の測り方 …………………………………………… 162

解説 7　ステレオ投影 ………………………………… 162
解説 8　日本古生物学会の入会法 …………………… 165

引 用 文 献 ………………………………………………… 167
日本語索引 ………………………………………………… 173
外国語索引 ………………………………………………… 177

1
古生物学の方法

海底に沈んだ流木（全長 12 m）上に生育したウミユリの群体
ホルツマーデン（Holzmaden）産（ジュラ紀，ドイツ）．左上写真は約 1×1.5 m．バーデンベルグ（Württemberg）のハウフ（Hauff）博物館所蔵．

1.1 古生物学の目的

「過去の地球に生存していたすべての生物を描きつくすこと」

あらゆる学問分野には，その学問分野が理想として掲げる目的が存在する．私たちの考える古生物学の目的を簡単にいうと，上の文章のようになる．

人類は，長い地球の歴史の中で進化してきた過去の生物たちを祖先とし（図1.1），また，それらの過去の生物たちとさまざまな関係を持ちながら現在に至った．過去の生物なくしては人類が存在することはありえない．過去の生物は，私たち人類にとって重大な関心事の一つである．

古生物学の目的を，「過去の生物の残存物（化石：fossil，図1.2）からその生物を完全に復元する」などのように狭く考えては

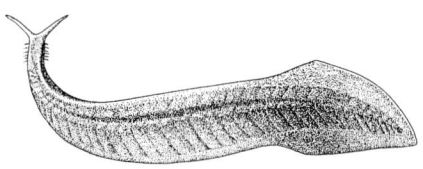

図 1.1 ピカイア（*Pikaia*）の復元図（Gould, 1989, fig. 5.8 による）
脊椎動物の祖先である原索動物最古の生物．私たち脊椎動物は，ピカイアの子孫かもしれない．カナダ，バージェス頁岩（中部カンブリア系）．

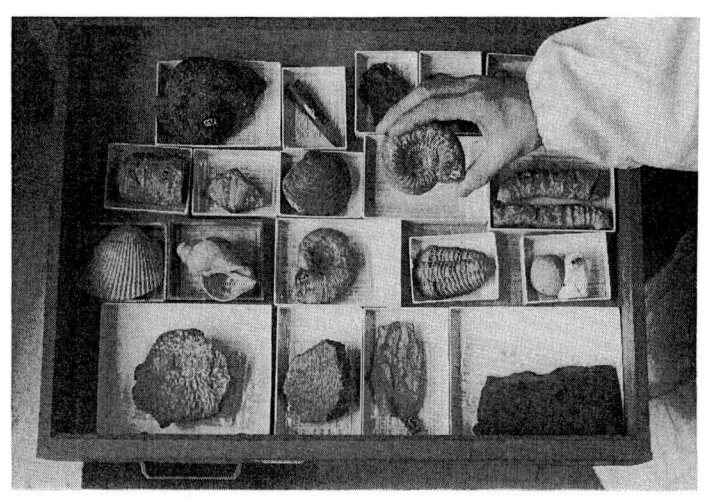

図 1.2 いろいろな化石（横浜国立大学地学教室）

ならない．化石から過去の生物を復元することは，古生物学にとって一つのテクニカルな問題にすぎない．古生物学の目的が「過去の地球に生存していたすべての生物を描きつくすこと」であるとすれば，化石に残らない生物もまた私たちの重要な関心事である．

個々の生物は単独で生きているわけではなく，地球環境の中で周囲の生物とそれぞれ密接な関係を保ちながら生活している．したがって，すべての生物はこれらの環境の中に位置付けられたとき初めて，生きた実体として描くことができる．生物の中には化石として残りやすい硬組織を持つものもいたであろうし，化石として残りにくい軟組織だけからなるものもいたであろう．過去の生物を復元するには，その生物の生息していた空間にあったすべての生物と非生物との間の関係を明らかにしなくてはならない．もし，化石に残りにくい，あるいは残ることがほとんど絶望的な生物を排除してしまうと，復元された生態系は自然を反映したものとはならず，過去の生物を復元したことにはならないのである．

現在の古生物学者が扱う材料や手法はさまざまである．「はたしてこれが古生物学か」と思わせるような材料（多くは現生生物）を扱うこともある．このような事情があるため，研究者の扱う材料や手法によって，個々の研究者から返ってくる古生物学の目的に対する答もまたさまざまかもしれない．しかし，「過去の地球に生存していたすべての生物を描きつくすこと」という共通の目的を掲げたとき初めて，これらの研究の多様性が理解でき，また古生物学という学問の枠の中で研究が可能となるのである．

1.2　歴史科学としての古生物学

古生物学は歴史科学（historical science）の一分野である．それでは，歴史科学とはどのような学問分野であろうか．歴史科学とは，過去に起こった事象をあらゆる手段を使って復元し，推測する一つの研究手法である．地質学（geology），地理学（geography），生物分類学（taxonomy），古生物学（paleontology）などの自然史（natural history）科学の大半は歴史科学的手法を用いて研究を進めている．歴史には「一度起こった事象は，まったく同じ

ようには二度と繰り返すことはない」という特徴がある．一見似たような事象が起こったとしても，その原因となる因果関係が完全に同じであるということはありえない．時代が異なれば，宇宙の大きさは異なっていたであろうし，地球の自転速度もまた異なっていたはずである．したがって，まったく同じことは二度とは起こりえないのである．このことは，過去の事象を厳密に再現することは不可能であることを示している．この意味で，「歴史科学は検証が不可能な学問領域である」といえる．

「歴史科学は検証が不可能な学問領域である」という点をとらえて，この研究手法をとる（あるいはとらざるをえない）学問分野は科学の名に値しないという議論がある．「科学とは，それが真であるか偽であるかを検証できるものをいうのであり，検証手段を持たない歴史科学的手法は科学ではない」というのである．このような議論は，科学を実験空間だけを対象とし，同様な空間さえ再現できれば，誰でも結果の検証が可能である研究分野（物理学や化学など）だけを真の科学とする，きわめて狭い科学観である．

それでは検証が不可能な歴史科学的手法がなぜ科学と呼べるのだろうか．それは，「過去に歴史というものが存在し，そこで起こった事象は，現在と同様な物理・化学的法則にしたがって生起し，それらの事象に対して，限界はあるにせよ，物理・化学的な原理に基づいて推測が可能である」ことを認めるからである．上に述べた記述は真であるか偽であるかを問うべきものではなく，歴史科学の絶対的な前提条件である．この前提条件に基づけば，「歴史科学的手法とは過去の事象を説明する仮説の合理性を追究すること」になる．その仮説は決して実証されることはないが，仮説の合理性の追究を通して，過去に起きた事象により近い新たな仮説を得ることができる．私たちは，過去の絶対的事実を知ることはできないかもしれないが，その絶対的事実に限りなく近づく可能性には何の制限もないのである．

実は，歴史科学的手法は決して特殊なものではなく，日常の正常な思考そのものである．この思考を拒否しては，日々の生活を送ることすらできない．私たちの生活に歴史科学的手法が深く関わりあっている一つの例をあげてみよう．人が犯罪を犯したと疑われると裁判にかけられ，被告人がその罪を犯したかどうかが問われる．裁判の判決は裁判官が下すが，判決の基準は被告人が過

去に起こした可能性のある事件に関する証拠である．裁判官はこれらの証拠に基づき過去の事件を再現し，有罪か無罪かを決定する．被告人が事件を犯したという再現が証拠からは困難であったり，不十分であれば無罪がいい渡されるであろうし，被告人が犯罪を行ったという再現しかありえないと判断されれば，有罪がいい渡される．しかし，裁判官の行った過去の再現（仮説）を実証することは不可能なのである．私たちはこのような裁判制度を認め日々の生活を送っている．もし歴史科学的手法が科学ではないとするならば，私たちは恐るべき社会制度の下で生活していることになる．もちろん現行の裁判制度が完璧であるとか，誤った判決がないといっているわけではない．過去に誤った判決が下された例はいくらでもあげることできる．むしろ，それらの誤った判決が明らかにされた事実こそ，歴史科学的手法の正当性を示しているのではないだろうか．

　歴史科学的手法とは日常の合理的思考方法そのものなので，物理学者や化学者といえども，この思考の基に日々の研究を進めている．彼らの科学が歴史科学の各分野と異なるのは，仮説を再現し，その検証の可能性を保証する実験空間が確保されている点だけである．

　古生物学が立脚する原理は「過去の地球上で起こった現象は現在と同様な物理・化学的法則にのみ支配されている」という歴史科学の前提条件である．この前提条件を古生物学者や地質学者は「斉一説」(uniformitarianism)と呼んでいる．この前提条件の基で初めて，過去の生物の断片的遺物を現在の生物と比較し，復元することが可能となる．歴史科学に立脚する古生物学では可能な解答が複数ありえる．たとえば，同一の化石産地から得られたよく似ているが，わずかに異なる二つの形態グループがあったとする．このとき，これら二つを別々の種にするか，同一種の雌雄にするか，または種内の遺伝的多形にするかというような問題である．現生の生物であれば，その生物の生理，生態，繁殖様式，解剖，遺伝情報などの研究を通して，これらの可能性の真偽を検証することが可能である．しかし，硬組織以外の大半の組織が失われた化石では，これらの検証は困難である．このような場合，古生物学者は現在までに得られたさまざまな科学的知識を総動員して，この問題をあらゆる面から検討し，科学的経験則に最も整合的である仮説を導きだすのである．たとえば，二

つの形態型の産出数の比率を説明できるさまざまな仮説を立ててその合理性を追及したり，その生物に近縁な現生生物の雌雄の形態差と比較したり，あるいはその形態差が地理的・時間的にどのように変動したりしなかったりするかを考慮して合理的説明を試みる．

古生物学者は，追及する事象に関わるあらゆる証拠を絶えず貪欲に追い求めなくてはならない．過去の地球に生存していた生物を追及する古生物学では，仮説を組み立てる上での証拠が十分に揃うとは限らない．証拠の数は時代が古くなればなるほど限られてくるであろう．時には生物の硬組織の破片を基に，その生物全体の復元を迫られることすらある．復元された生物は，後のより完全な化石の発見によって，その姿を大きく変えることも珍しくない．これは学問の性格からいって，ある程度避けられない問題である．しかし，できるだけ多くの証拠を集めるために全力を上げるべきである．そのためには自らフィールドに出て，証拠の収集に努めなければならない．

著しく保存のよい（言いかえると，多くの生物学的情報を含んでいる）化石の発見は偶然によることが多いという意味で，古生物学は発見の意義のきわめて大きい学問分野である．偶然の発見は研究者以外の人によってなされる機会が多いので貴重な標本が個人で所蔵される確率も高くなる．発見された標本は発見者に所有権があるのは当然のことだが，できるだけ研究者に鑑定を依頼し，標本の価値を確認するべきである．その化石が過去の生物の未知の扉を開いてくれるかもしれない．

最近，全国の大学で地球科学（地学）の各分野を再編成しようとする動きが急である．その動機の一つとして，「研究手法があまりにも異なる分野（岩石学と古生物学など）が同じグループを組んでいるのは不合理である」という考えがある．しかし，この議論は「地球科学の各分野は，その研究手法に歴史科学的手法を採るという点で見事にまとまった分野である」という重要な点を見逃しているように思える．地球科学の各分野は，日常からは想像もつかないようなはるか遠い過去を復元するという点で，また，そうであるがために他の歴史科学分野と比較して，著しく少ない証拠から地球のダイナミズムを大胆に復元するという点で，見事にまとまった分野なのである．確かに岩石学などは高度な分析機器を使用し，得られたデータは，あたかも「この分野は物理化学の

分野に属するのではないか」と思わせるほどに洗練されてきた．しかし，一度その成果を過去の事象に当てはめようと試みたとき，その手法は上に述べた歴史科学における手法を採らざるをえない．地球科学者の中にもこの点が理解できずに，自分のデータ採取手段が高等（高度な分析機器を駆使するなど）か下等（ノギスで測るなど）かで，学問の優劣を考え，分析手段で学問分野が決まると勘違いしている人達がいないとはいえない．しかし，歴史科学における学問の優劣は「いかに過去の真実に近付きえたか」で決まるのであって，分析機器の値段で決まるわけではない．また，地球科学はデータの分析手法を追及する学問ではなく，過去から現在の地球の有り様を追及する学問なのである．

いま上に「いかに過去の真実に近付き得たか」と書いた．このように書くと「検証ができない歴史科学分野で，どのようにして仮説の優劣を判定できるのか」と問われるかもしれない．この問いに答えるのは簡単ではない．しかし，次のように言うことはできると思う．すなわち，「過去の生物に対する見方や過去の地球に対する見方が百年前と現在では，どちらがより真実に近いか」と問われれば，「間違いなく現在のほうがより真実に近い」と古生物学者や地質学者なら確信を持って述べるであろうということである．歴史科学では仮説の優劣の判定に長い時間がかかることが普通である．判定手段が偶然の発見や大規模な探査，あるいは膨大な証拠の蓄積に依存することが多いからである．しかし，間違いないのは，私たちが百年前よりも，より確かな化石生物観や過去の地球観を持っていると確信できることである．もし，これを否定し，「どちらも検証はされていないから大差はない」という人がいたら，それは歴史に対する見方の違いというほかはない．私たちは「過去に歴史が存在し，その歴史の真実に限りなく近づく可能性には何の制限もない」という前提条件のもとに研究を進めているのである．

1.3　古生物学と関連科学

　古生物学は歴史科学的手法を軸に，生物学と地球科学とを総合した学問分野である．したがって，古生物学者は生物学や地球科学の一定の分野に精通していなくてはならない．

古生物学の基本的な材料である化石の多くは地層から産出する．生物学者が扱う生物の生息環境（地理的位置，高度，気候条件，共存生物など）を記録するように，古生物学者も化石を産出した地層に記録されたさまざまな情報を読み，記録しなくてはならない．もし，これらの情報を読むことができなければ，化石生物の生息環境や，産出した複数の化石が同じ場所に生息していたかどうかなどを知ることは困難になる．特に化石が密集して産出する産地では，十分な注意を払って化石の産出状態（産状）を観察しなくてはならない．大きなエネルギーによって形成された化石集積層は，さまざまな生息環境の生物が混在している可能性があり，化石を集積した堆積メカニズムを知ることは，生物個体群の復元を行う際に重要な制限要因となる．したがって，化石を埋積した過程を探るために，堆積学の知識は古生物学者に必須である．

産出した化石は生物のきわめて限られた断片でしかない．この断片から，呼吸し，栄養を摂取し，繁殖し，他の生物と複雑な関わりを持つ生物として化石を復元するには，現生関連生物の解剖，生理，繁殖様式，生態などの知識が不可欠である．化石に残されたわずかな証拠をこれらの生物とあらゆる面から比較し，化石生物の実体を推定するのである．こういった手法によって，きわめて限られた硬組織の形態から，その生物の軟組織や生態を推定できる．これらの推定の例をあげてみよう．

二枚貝では，両殻の内面に筋肉が付着していた跡（筋肉付着痕：muscle scar）が見られる（図1.3）．殻を閉じるための筋肉（閉殻筋：adductor muscle）の跡は大きく目立っているので誰にでもわかるが（図1.3 A, B），よく見るとこれ以外にも軟体の足を引っ張ったりする小さな筋肉の跡がいくつか観察できる（図1.3 C, D, E, F）．これらの筋肉付着痕の大きさや形を現生の貝類と比較する

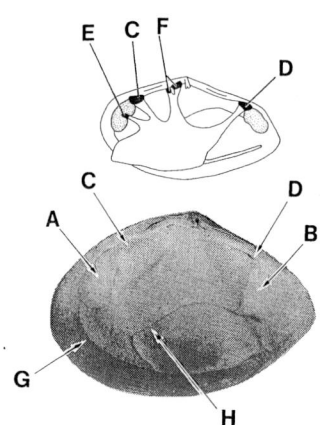

図1.3 二枚貝の内面に見られる筋肉付着痕
閉殻筋（矢印A, B）は殻の開閉に関わる筋肉で，足筋（矢印C, D, E, F）は殻から出される足の運動に関わる筋肉である．矢印Gは套線を，また矢印Hは套線湾入を示す．上図はCox, 1969, fig. 31. Hを改作．下図はサラガイ（*Peronidia venulosa* Schrenck）の内面．

ことによって，化石貝類の運動や生態の復元が可能となる．殻に比較して大きな筋肉付着痕を持っていれば，その筋肉に関わる機能が発達していたと推定することができる．

外套膜（mantle）という軟体部を包む組織を支える筋肉の付着痕を套線（pallial line, 図1.3 G）といい，この套線は深く湾入することがある．この湾入を套線湾入（pallial sinus, 図1.3 H）と呼ぶ．套線湾入部には二枚貝の水管が殻を閉じたときに収まることが知られている．このことから，深い套線湾入を持つ二枚貝，すなわち長い水管を持つ二枚貝は堆積物の深い部分に生息していたと推定できる．

軟体動物にはヒザラガイ類と呼ばれるグループがある．現生のヒザラガイは8枚の殻を持っているが（図1.4 A），古生代初期のヒザラガイは7枚の殻を持っていたことが推定されている（図1.4 B）．ヒザラガイの化石は，普通個々の殻がバラバラに産出する．それでは古生物学者はどのようにして古生代初期のヒザラガイの殻が7枚であったと推定したのだろうか．ヒザラガイの最前部の殻（頭板）と最後部の殻（尾板）には特徴がある．一方，これらの殻に挟まれた中央の殻（中間板）は相互の区別が困難である．古生物学者が，多数産出したヒザラガイ化石の前部と後部と中央の化石の殻の数を数え，その比を出すと1：5：1であった．このこと

図1.4 現生のヒザラガイ（A：三浦半島にて）と，古生代初期のヒザラガイ（B）の復元図（Runnegar, et al., 1979, text-fig. 1）
ヒザラガイは現在8枚の殻を有しているが，古生代の初期は7枚の殻しか持っていなかったと推定されている．

から古生代初期のヒザラガイは図1.4Bに示したように7枚の殻を有していたと推定されたのである．

地球上の生物の形態は，でたらめに形造られているわけではなく一定の制約条件下で形成される．これらの制約条件を知ることは化石生物を復元する上できわめて重要である．その条件とは，基本的に系統的（phylogenic），構造的（structural），機能的（functional）制約の三つである．

系統的制約とは，「子はその親に似る」という遺伝的なものをさす．この制約がいかに大きいかは，分類学が類似した形質で構築されている事実を見れば明らかであろう．このような系統に規制された類似を相同（homology）と呼ぶ．

構造的制約は，物理的に採用することが可能，あるいは不可能な生物の形態要素を指す．たとえば，映画などでアリが巨大化し，大暴れするシーンを見ることがあるが，アリが小さなアリの形のままで巨大化するのは構造的に不可能である．なぜなら体積（重量）は大きさ（長さ）の3乗に比例して増大するので，人間の大きさほどに巨大化したアリは，もはやあの華奢で細い脚では体を支えきれなくなる．また，体を覆う薄い硬組織は増加した体重をもはや支え切れず潰れてしまうであろう．逆に，アリほどの大きさになった人間も生きてはいられない．網管現象によって，循環器系はあっというまに機能を失うに違いない．少し考えれば，これほど恐ろしい想像はないことがわかる．このように，地球上の生物は，地球の重力，大気圧，液体や

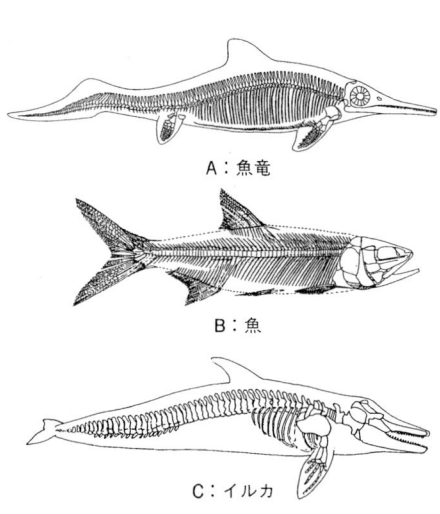

図1.5 魚竜（A：*Ichthyosaur mixosaurus*，三畳紀中期），魚（B："*Anaethalion*" *vidali*，ジュラ紀後期），イルカ（C：*Tursiops truncatus*，現生）（Robert, C. L., 1988, fig. 7-6-a (A), 12-27 (B)；Evans, P. G. H., 1990, fig. 1.1 (C)）
これら3種は分類群が大きく異なるが，外形は大変よく似る．いずれも水中を泳ぐのに適した外形をしている．このような類似は相似と呼ばれる．

気体の物理・化学的性質に制約されて，その体を形造っているのである．

　機能的制約は，系統と構造の制約の中で生存に適した形に変化することをいう．たとえば，魚竜（は虫類），魚（魚類），イルカ（哺乳類）は系統がそれぞれまったく異なるが，その形は水中を泳ぐのに適した非常に似た形をしている（図1.5）．主に水中での流体力学がこれらのグループの形を規制したのである．この例のように系統とは無関係な形態的類似を相似（analogy）と呼ぶ．

　形態を規制する要因には，これら以外にも偶然的なものがある．たとえば，同一の遺伝子を有する生物個体でも異なる環境に住めばその形態が環境に適したものに非遺伝的に変異することがある．寒い場所にある動物園へ連れてきたアフリカゾウに毛が生えたりするのはそのよい例である．こうした例はその形質を分類学上評価する際に困った問題を引き起こすが，生態学ではむしろ興味深い研究対象となる．

　上に述べたような過去の生物を復元する上で必要な生物学的情報の多くは古生物学者自らが得なければならないことが多い．研究が化石自体の形態的記載の段階から，その機能，生理，生態，繁殖の復元へと進歩するにしたがって，古生物学者による現生生物の研究は飛躍的に増加するようになってきた．これは古生物学の学問的進歩に伴う必然である．したがって，扱う化石生物に関連した現生生物の生物学的知識や研究テクニックは，生物学者と同じ程度にまで高めなければならない．このように，古生物を復元する作業は化石を扱う特定のテクニックができればよいというわけではなく，関連諸分野の知識を広く知り，それらの専門的な研究ができる程度にまで深めておかなくてはならない．

1.4　古生物学の課題と将来

　古生物学の目的が「過去の地球に生存していたすべての生物を描きつくすこと」にあるとすれば，記載分類学の重要性は増すことはあれ，減じることはないであろう．現在までに記載された化石生物は約25万種とされているが，現在の地球上に生存している生物は450万種になるといわれている（Raup and Stanley, 1978）．化石生物は40億年にもおよぶ歴史を持っているので25万種よりはるかに多くの種が存在していたと考えなくてはならない．この数字だけ

見ても化石生物は未だ十分に記録されていないことがわかる．

　いかなる古生物学上の研究を行おうとしても，その研究の扱う種や分類群が，学問の世界に紹介されていなければ，研究の端緒すら見いだせない．また，記載がなければ，分類群の多様性や形態の多様性を理解することもできない．記載分類学を軽んじることは決してあってはならず，もしあったとすれば，それは古生物学の目的からいって，この学問分野の自殺行為である．分類学を単なる整理学問のように誤解している研究者が少なくない．しかし，分類学は関連諸科学の最新の成果を常に取り入れつつ着実に進歩している．記載分類学を単なる整理学問と考えるのは誤りである．

　最近多くの分類学者が用いだし，古生物学者も注目している分岐分類学 (cladistic taxonomy) について考察してみよう．分岐分類学は扱う分類群の分類形質の分布パターンにまず着目し，それらの進化的な評価を行い，そのパターンを最もうまく説明できる分岐図を作成する．そして導かれた分岐関係だけに基づいて生物を分類しようとする分類学の一手法である．分岐分類学には多くの学派が存在し，その主張することがさまざまではあるが，分岐分類学を用いると形質パターンの評価さえ同じであれば，誰が研究しても同様な結果が得られるので，科学的であると主張する人達がいる．しかし，これは「ある数式に同じ値を代入すれば同じ解になる」と言っているのと何も変わらない．

　古生物学者が化石を研究する場合，最大の労力を払うのが種の認定である．私たちは化石の時空分布やその生息環境を推定し，系統関係をも考慮しながら種の分類を行う．できあがった分類体系は，既にある程度の系統的推定を含んだものにならざるをえない．その検証手段として分岐分類学的手法を使用するのは意味があるかもしれないが，分岐分類学が形質パターンの評価を行う以上，検証を行っても違う分類体系ができるとは思えない．以上の理由で，古生物学における分岐分類学の意味はあまり大きいとは思えないのである．むしろ私たちは，化石の時空分布とその中に配列された形態的関係を用いて系統を復元することに努めるべきであり，それこそが古生物学の最大の武器であると考える．実際，軟体動物の大半の綱（Class）の系統関係は，この手法によって解明されている（図1.6）．重要なことは，どのような手法を採ったかではなく，どこまで過去の真実に近づきえたかである．

1.4 古生物学の課題と将来

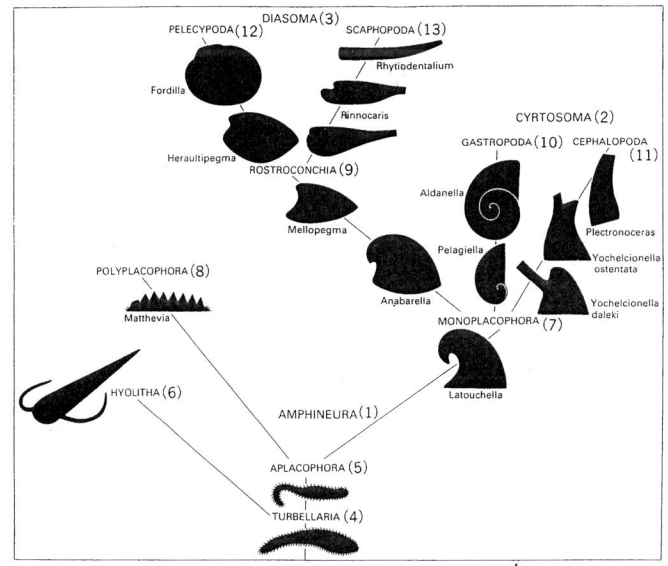

図 1.6 軟体動物門 (Mollusca) の系統関係 (Pojeta, 1987, fig. 14.15 を改作)

単板綱(7)から腹足綱(10)・頭足綱(11)への進化と，単板綱(7)から吻殻綱 (9：絶滅群) を経て掘足綱(13)・おの足綱(12)への進化は，中間段階を示す化石の記録から復元されている．
1：双神経亜門，2：曲体亜門，3：直体亜門，4：渦虫類（ウズムシ，ヒラムシなど），5：無板綱（ケハダウミヒモ，サンゴノホソヒモなど），6：絶滅群，7：単板綱（ネオピリナ，ピリナなど），8：多板綱（ヒザラガイなど），9：吻殻綱（絶滅群），10：腹足綱（サザエ，バイなど），11：頭足綱（アンモナイト，オームガイ，イカ，タコなど），12：おの足綱（アサリ，ハマグリ，ホタテガイなど），13：掘足綱（ツノガイなど）．

古生物学だけが過去に実際起きた進化の実体を描くことができる．グールド (Gould, 1989) が『ワンダフルライフ』の中で描いたように，古生代初期の爆発的な生物の多様性の増加は，私たちの常識をくつがえすものであった．生物の基本的体制だけを見たとき，むしろ古生代初期の方が現在よりも多様なように見え，その後の進化はこの多様性の中から一部のものだけが子孫を繁栄させていったように見える．このように，形態レベルで何が本当に起きたのかを示せるのは古生物学だけである．

形態進化のスピードを示すことも古生物学には可能である．ある種が時間の経過にしたがって，どの程度の速度で形態が変化したか，あるいはしなかった

かは，標本を年代順に配列すれば検討が可能である．種分化を伴わず，単一系列内で形態が進化することを系列進化（anagenesis），種分化を起こして別々の系統に別れて進化することを分岐進化（cladogenesis）と呼ぶ．系列進化の形態変化は徐々に起こると想像されるので，この手法は形態レベルの進化速度を推定するのに有効である．ここで注意しなくてはならないのは，化石に見られる形態の変化が遺伝子の変更を伴う不可逆的なものなのか，あるいは環境の変化に対応した遺伝子の変更を伴わない可逆的なものなのかを決めることが簡単ではないという点である．たとえば，ある海進層（推定される堆積深度が地層の上位に行くほど深くなる一連の地層．かならずしも海水面の上昇を伴う必要はない）の中に形態が地層の下位から上位へ連続して変化する底生生物（堆積面や堆積物内に生息する生物）化石が見いだされたとする．この変化が，系列進化によるものなのか，あるいは水深の増加という環境の変化に対応した生物の適応による非遺伝的な形態変異なのかを判断することはむずかしい．理想的には同じ環境内で変化を調べるべきであるが，そのような条件を備えた地層は少なく，またあったとしても化石を産出しなかったりする．このような場合は現生関連生物の環境（深度や底質など）に対する形態変異を参考に評価を与えるのが実際的であろう．また，なるべくその変異を数量化し，統計的に示すように努めなくてはならない．

　私たちが生物の進化を思い浮かべるとき，そのイメージは遺伝子の挙動というよりは生物の外面的な変化である．化石が多くの人を引きつけるのもこの点にあると思われる．古生物学だけがこの変化を示せるのである．古生物学が進化学に最も貢献しうる点は，生物進化の形態レベルでのテンポとパターンを示すことにある．

　古生物学は歴史科学的手法に基づいて研究が進められる「検証が不可能な学問分野である」と先に述べた．しかし，最近の学問の進歩，特に遺伝子操作の技術はこの学問観を改める展開を示している．もし，過去の生物の完全な遺伝情報を手に入れ，それを遺伝子操作の技術で再生できたならば，あるいは現在生きている生物の遺伝子の遺伝情報を操作して，過去の生物を再生できたならば，私たちの研究手法は生物学と同様に推論ではなく生物の観察や実験となりうる．これは，古生物学が歴史科学の制約から解き放たれることを意味してい

る．既に化石から遺伝情報を読み取る試みが進められている（遠藤，1991）．化石から解読された遺伝情報はきわめてわずかで，化石生物を復元するには未だ解決しなければならない問題がたくさんある．しかし，理論的には実現が不可能なわけではない．遺伝情報が保存される場所は，その生物の化石自体である必然性はない．たとえば，この技法を特撮技術を駆使して私たちに示した映画『ジュラシックパーク』の中で，恐竜の遺伝情報を琥珀の中の蚊から得たように．

現生生物の遺伝情報の操作から，その祖先の復元を試みる場合は，その子孫さえ生きていればよく，祖先が化石に保存されやすいかどうかは関係がない．ただしこの場合，再生された生物が過去に生存していたかどうかを知る方法がないかもしれない．

このような技術を使わなくても，過去の生物を直に観察できることがある．「生きた化石」（living fossil）と呼ばれる生物の観察がそれにあたる．ただし，「生きた化石」という言葉自体は学問的に何の意味も持たない．あらゆる生物は，その進化の歴史を有しているので，その意味で，すべての生物が「生きた化石」といえる．したがって，古生物学者が研究対象とする現生生物は「生きた化石」だけではなく，ほとんどすべての生物が対象となる．それでは，「生きた化石」とは何を意味しているのだろうか．「生きた化石」とは，過去に繁栄し，化石を残しながら，現在はきわめて少数の生き残りしか存在しない生物をいう．過去に繁栄していても，現在も繁栄している生物は，普通「生きた化石」とは呼ばない．「生きた化石」の研究が最もドラマチックに見えるのは，すでに絶滅していたと思われていた生物が発見されたときであ

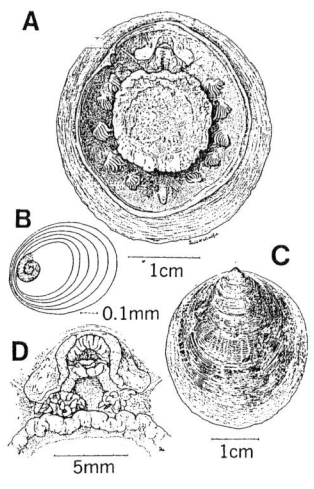

図 1.7 ネオピリナ（*Neopilina galathea* Lemche）（Lemche, 1957 より改作）
A：殻の腹側．中央の丸い足の上方に口，下方に肛門，左右に5対の鰓が見える．B：殻の頂部．巻いた胎殻（protoconch）が見えるが，これは観察の誤りだとする意見がある．C：殻の背側．D：口部の拡大．

る．たとえば，1952年に深海底から発見されたネオピリナ（*Neopilina*）という笠貝型の軟体動物は，その解剖学的研究によって，古生代巻貝類の分類体系の再検討をせまり，軟体動物の初期進化の研究に重要な貢献を果たした（図1.7）．また，最近では古生代に繁栄し，既に絶滅したと考えられていた所属不明生物である筆石の現生生物が発見されたということが話題になった（Dilly, 1993 ; Rigby, 1993）．このような生物を私たちは「生きた化石」と呼ぶのである．

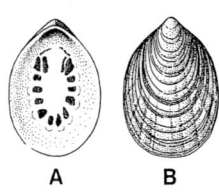

図1.8 ピリナ（*Pilina unguis*（Lindström））（Knight and Yochelson, 1960, fig. 46-6 a-b より改作）
A：殻の内面（腹側）．B：殻の外面（背側）．

「生きた化石」の発見は，古生物学者に学問的検証の機会を与える．実際，これらの発見によって検証された古生物学上の仮説が存在する．上に述べたネオピリナの学名の意味は新しいピリナ（*Pilina*）の意味で，ピリナは古生代の地層からネオピリナの発見の前に報告されていた化石生物である（図1.8）．古生物学者はピリナの殻に残されていた左右対称の複数の筋肉付着痕が左右対称の軟体をピリナが持っていた証拠であるとして，それまで巻貝類に分類されていたピリナを独立させ，新たに単板類（Monoplacophora）という新しいグループをネオピリナの発見の前に設立していた．現在の海岸に普通に見られる笠貝は巻貝類に属する．巻貝は体にねじれ（torsion）を起こしているので，その軟体部は基本的に左右非対称である．古生物学者はピリナのような左右対称型の笠貝型生物から他の軟体動物の大半が進化したと考えていた（Knight, 1952）．古生物学者が予想したとおり，ネオピリナの軟体は左右対称の軟体を持っていたのである．生きた単板類であるネオピリナの発見によって，化石から推定された仮説が検証された．「生きた化石」の発見は，過去の生物の遺伝情報による生物の再生や，遺伝子操作による「祖先帰り（帰し）」と比較して，いまのところより現実味のある私たちの検証手段である．その意味で，古生物学者は，未だに生物学的に未知の部分が多く存在する深海底の探査に大きな期待を寄せている．特に深海底の堆積物の奥深くに住む生物の実体はほとんど明らかにされていない．

2
化　石

Aeger trpularius （全長 16 cm）
エビの一種，アイヒシャット（Eichstätt）産（ジュラ紀，ドイツ）.

2.1 化石の定義

これまで述べてきたように,古生物学の研究対象は化石だけではない.しかし,過去の生物を直接観察することができるという点で,化石の研究は重要である.では,化石とは何を指すのであろうか.文字通り「石になった生物」だけを化石と呼ぶのだろうか.あるいは,ある研究者が述べたように1万年以上前(完新世より前)の生物の遺物を化石と呼ぶ(鹿間,1960)などのように,時代によって定義するのだろうか.私たちは,産出の様態に基づいた定義や,時代に基づく定義は,「どのような生物を生きた化石と呼ぶのか」が何も意味をなさないのと同様,定義自体が無意味であると考える.あえて定義するなら,「古生物学上の研究対象となる過去の生物遺物のすべてを化石と呼ぶ」とするのがよいであろう.したがって,化石という言葉の持つ意味とは違い,軟組織がほとんどそのまま保存されたシベリアの氷漬けのマンモスとか(図

図 2.1 マンモス
この標本は,シベリアの永久棟土層から氷漬けの状態で発見された.ペテルブルグ動物博物館所蔵(長谷川善和博士提供).

2.1),生物活動の跡や排泄物が地層に残された生痕(図2.2)も化石と呼ぶのである.

　一般に,塊状無層理の泥質岩は内生生物(堆積物中に住む生物)の著しい活動によって堆積初期の構造や生物活動の痕跡も残らないほど堆積物が掻き回された結果と考えられている.では,このような泥岩は化石の塊かというと,そうではない.生痕を研究する研究者は,生痕自体が観察できなければ研究対象とはしないから,これは化石ではない.化石とはあくまで研究対象となるものをいうのである.

　生物の体自体が保存されたものを体化石(body fossil)といい,生物の活動の跡が地層中に残されたものを生痕化石(trace fossil,図2.2)という.私たちが消費している石炭や石油は,生物が地層中に残した有機物を基に長い年月をかけて生成されたものである.石炭や石油を化石燃料と呼ぶのはこのためである.しかし,古生物学上の研究対象にならない限り化石と呼ぶのは混乱を招くかもしれない.生物の痕跡が見られない石灰岩やチャートの一部も生物の遺骸の集積が起源であるものがあり,このような岩石自体まで化石と呼んでいると,化石という言葉の持つ意味がなくなる.実際,地球上に生物が現れて以

図 2.2　層理面に現れた生痕化石ロッセリア(*Rosselia* sp.)の密集部
生物の巣穴化石.北海道の鮮新統幌加尾白利加層.ラベルの長さは20cm.

来,火山岩 (igneous rock) や蒸発岩 (evaporite) などを除けば生物活動とまったく無関係に生成した地層を探すことのほうが困難である.

2.2 化石になるまで

生物が死ぬと生理機能が停止し,直ちに他の生物による分解が開始される.この過程は,死んだ生物がその生息場所に止まっている限り,著しく速やかに進行する.分解された物質は,一次生産者によって消費され,食物連鎖の中に組み込まれる.もし,死んだ生物がまったく分解されずに残ったとしたら,地球上の資源は私たち脊椎動物のような消費者によって消費される一方となり,現在の生態系の大半は壊滅的な打撃を被るに違いない.死んだ生物は分解され,新たな生命のための糧を供給する役割を持つ.この分解過程は軟組織だけではなく硬組織も同様に急速に進む.図2.3は紀伊半島英虞湾,水深7mの海底 $1/4 m^2$ に住む貝類である.これらの貝類は,このわずかな場所にいる個体だけで100万年間に1億個体の子孫を残せるという (Raup and Stanley, 1978).もし,硬組織の分解が進まなければ,世界中の海岸や海底は貝殻の山で埋ってしまうに違いない.しかし,多毛類,海綿類,海藻類,軟体動物類には貝殻などに穴を掘って生活するものがあり,彼らによって死んだ貝殻は急速に脆弱化され破壊されてゆく(生物的破壊).また,貝殻は化学的に溶けるかもしれないし(化学的破壊),物理的に擦り合わされ磨耗したり,割れたりするかもしれない(機械的破壊).

したがって,体化石が地層に残るということは,この循環からはずれることを

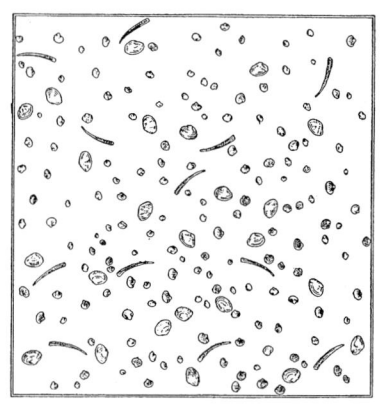

図2.3 紀伊半島英虞湾,水深7mの $1/4 m^2$ に見られる貝類 (Thorson, 1957, fig.11より引用)
棒状の貝はヤカドツノガイ (*Dentalium octagulatum* Donovan),大きな二枚貝はヒメシラトリガイ (*Macoma incongrua* (Martens)),小さな二枚貝はチゴトリガイ (*Fulvia hungerfordi* (Sowerby)).この図は Miyadi (1951) の研究を Thorson (1957) が引用したものである.

意味し,きわめて稀な現象であり,また生物にとっては稀でなくてはならない現象なのである.それでも地層中には多くの生物起源物質が残される.それは,生物の全生産量から見ればきわめてわずかではあるが,化石の研究者を絶望に陥れるほど少ない訳ではない.研究の目的さえ間違わなければ過去を復元するのに十分な量であることが多いのである (Bailey, 1990).年単位の生物生産量の変動の復元とか,軟組織が完全に失われた化石産地から産出する化石生物群の生態系の完全な復元などは,化石の記録の不完全性からいって現在の解析手法ではむずかしいかもしれない.しかし,多くの古生物学者は,もっと長期的な生物生産量の変動や過去の広域的な大まかな生態系を化石記録に基づいて復元することは可能であると考えているし,また完全ではないが大まかな復元にも成功している.

化石の多くは堆積岩から産出する.これらの岩石が生成される場所に生息していた生物は,そうでない生物に比較して化石になりやすい.もちろん例外はある.木の樹液が硬化してできた琥珀は,非常に硬く風化に強いことが知られている.樹液の中に落ちた昆虫は,まるで生きているかのように見事に保存される場合がある(図2.4).琥珀は非常に硬いことから風化や侵食に耐えて,礫として堆積の場に運ばれ,地層中に保存される.このような例外を除けば,基本的に侵食の場である陸上に生きる生物は,堆積の場である水中に生きる生

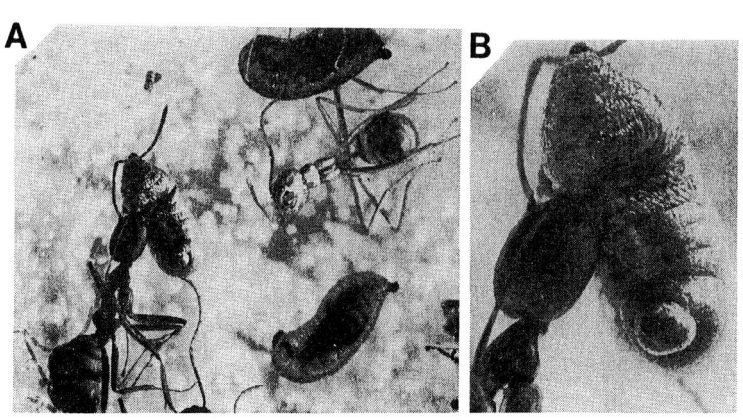

図2.4 琥珀(こはく)中のアリ化石(Boucot, 1983, fig. 2 を改作)
サナギをくわえているアリ(A)と,その拡大図(B).前期中新世,ドミニカ共和国.写真の幅は A が約 8 mm,B が約 1.5 mm.

物に比較して化石になりにくい．特に，日本のように地殻変動が激しいことから平野が狭く，陸成層が発達しにくい変動帯では，この傾向が強いことが知られている．日本の陸上動物化石の産出は石灰岩地域に発達した裂罅(れっか)堆積物などに限られる傾向がある．

多くの堆積岩が水中で生成されたものであることからわかるように，水中で生活する生物は化石になりやすいという傾向がある．水中に生きる生物は，浮遊性 (planktonic, 図 2.5 C)，遊泳性 (nektonic, 図 2.5 D)，底生 (benthic, 図 2.5 の C と D を除いたもの) に分けられる．底生生物はさらに，表生（表在生：epifaunal, 図 2.5 A, B, E, F, G, H, M）と内生（内在生：infaunal, 図 2.5 I, J, K, L) に分けられる．

表生生物は，自由に底質を動きまわる可動性 (vagile, 図 2.5 A, B, E, F, M) と，何らかの手段で底質に付着し，動くことのない固着性 (sessile, 図 2.5 G, H) 生物に分けられる．

内生生物は堆積物中に潜って生活するものをいい，堆積物の表面で生活する表生生物と比べて生物的破壊や機械的破壊を被る機会が少なく，化石として保存される確率も高くなる．特に堆積物の奥深くに潜没して生活する深潜没者 (deep burrower, 図 2.5 J, K) は浅く潜って生活する浅潜没者 (shallow burrower, 図 2.5 I, L) に比較して保存される機会が多い．これは物理的あるいは生物的に堆積物の中から掘り出され，硬組織の破壊作用を被る機会がより少ないためである．実際，

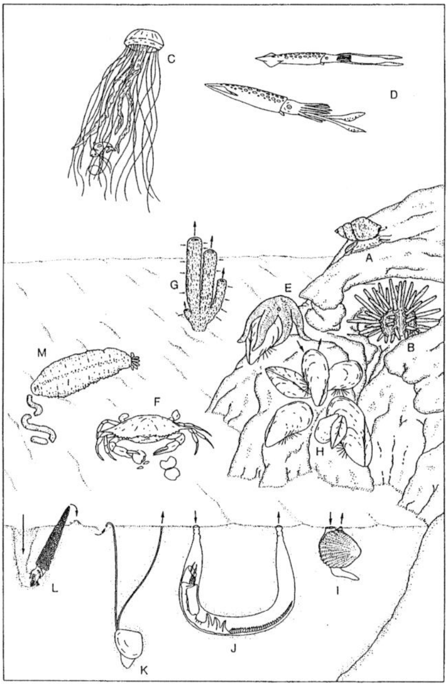

図 2.5 海生動物の生活様式 (Raup and Stanley, 1978, fig. 10-4)
浮遊性 (C)，遊泳性 (D)，底生（その他）生物．底生生物は，表生 (A, B, E, F, G, H, M) と内生 (I, J, K, L) 生物に分けられる．表生生物には，可動性 (A, B, E, F, M) と固着性 (G, H) がある．また，内生生物には深潜没者 (J, K) と浅潜没者 (I, L) とがある．

深潜没者である一部の二枚貝は，一度掘り出されると自分の力では再び堆積物中に潜れないものが知られている (Stanley, 1970). この事実は彼らにとって掘り出される機会が非常に稀であり，もはや再潜没の機能は重要ではないことを意味している．深潜没者は生きているときの姿勢を保った状態で化石として産出することがしばしばある．これらの例については第4章で紹介しよう．

浮遊性生物は自己の移動能力が低く水中を漂って生活し，主に動・植物性プランクトンからなる．遊泳性生物は，普段泳いで生活する魚，鯨，魚竜（脊椎動物），あるいはイカ（無脊椎動物）などである．これらの生物は死後

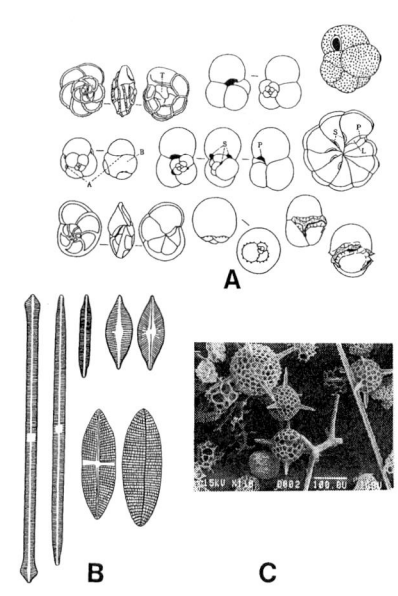

図 2.6 有孔虫(A)，珪藻(B)，放散虫(C)
(A は高柳，1973, fig. 2.10), B は長谷川，1973, 図 25 を改作)

海底に沈む．深海探査船で海に潜り，ライトで暗黒の世界を照らすと，まるで雪が降っているように何かが水中を落ちていくのが見える．これをマリンスノー（marine snow）と呼ぶが，マリンスノーの大半は浮遊性生物の遺骸と，その排泄物である．殻を持つ浮遊性生物は中生代の間に爆発的に進化・繁栄した．これらのうち，有孔虫は石灰質の殻を持ち，放散虫や珪藻は珪質の殻を持つ（図 2.6）．

プランクトンの殻はあらゆる海底に堆積するかというと，そうではない．海洋では深度が増加するにしたがって炭酸カルシウムの溶解度が増加することが知られている．ある深度以深では溶解量が死骸の供給量を越え，マリンスノー中の炭酸カルシウムがすべて溶けてしまう深度がある．この深度を炭酸カルシウム補償深度（calcium carbonate compensation depth），略して CCD と呼ぶ．したがって，CCD 以深の海底では石灰質の殻を持ったプランクトン死骸の堆積は起こらないことになる．同様に珪酸塩補償深度も海洋には存在し，そ

の深さは CCD よりも 500 m ほど深い場所にある（齋藤，1979）．マリンスノーは深海底生生物の重要な栄養源となっている．一方，波の営力を常に被るような浅い海底では，堆積物は常に流動していて細かい石灰質や珪質の殻を砕いてしまう．このような場でもプランクトン遺骸の保存は期待できない．しかし，中生代以降の泥質堆積物中に最も多く含まれる可能性がある体化石は，殻を持つプランクトンである．

大型生物の軟組織が例外的にきわめてよく保存される場合がある．このような化石の保存状態をラーゲルシュタッテン（Lagerstätten）と呼ぶ（Seilacher, Reif and Westphal, 1985）．オーストラリアの先カンブリア紀末期のエディアカラ動物群，グールド著『ワンダフルライフ』（Gould, 1989）で一般にも有名になったカナダのカンブリア紀中期のバージェス動物群，羽毛まで保存された始祖鳥（図 2.7）が産出したことで有名なドイツのジュラ紀のゾルンホーヘン動物群などが有名である．これらの動物群を産出する地層に共通なのは堆積物中に日常的な生物活動の痕跡がまったくないことである（ゾルンホーヘンにはバクテリアマットの存在を示す証拠はある）．つまり，これらの場所で化石になった生物は，日常の生活場から，彼らにとっては死の世界へと運ばれ，きわめて異常な状態で死に至ったと考えられている．

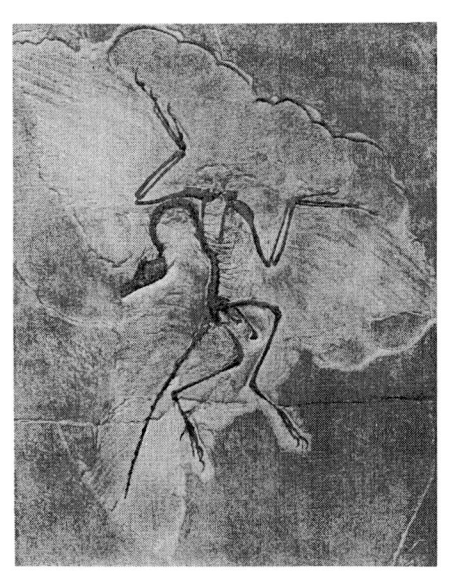

図 2.7 始祖鳥（*Archaeopteryx lithographica*）羽毛の跡まで保存されていることで有名．鳥とは虫類の中間的形質を有する．ジュラ紀，ドイツ，ゾルンホーヘン石灰岩（横浜国立大学所蔵の模型）．

バージェスでは大規模な堆積物の移動により生きた生物が生き埋めにされたと考えられている．また，ゾルンホーヘンでは偶然迷い込んだ生物がすぐに死んだと考えられており，生物の最後の動きの跡まで保存されている．つまり，ゾルンホーヘンの地層が堆積した

当時,そこには死体を食べる腐肉食者(scavenger)も死体を分解する微生物も,また,死体を偶然動かしたかもしれない他の生物もまったく存在しない(できない)世界だった.こうした場所としては外洋から遮蔽された内湾やラグーンのように海水の循環が悪く,底層が無酸素状態になった場などが考えられている.ラーゲルシュタッテンの化石の産状は,保存のよい化石を産出する堆積環境が生物の活動の場とは異なる場合が多いことを示唆している.生物の活動の場は軟組織の分解者や硬組織の破壊者が多く,通常は体化石を残す機会がきわめて少ない場であることが多いのである.例外は炭酸カルシウムの殻で形成されたリーフ(礁)で,ここでは下にいる生物の上に,新たな固着生物の炭酸カルシウムの殻が次々と付着しながら成長するため,硬固な石灰質塊を形成し体化石がその場で保存される.また,リーフが形成される熱帯域は寒帯域より一般に殻の化学的溶解が弱いことから(Kidwell, 1991),海面上に露出し,雨水の影響を受けない限りリーフが溶けることはあまりない.

外洋に面した浅海域,特に常に波の営力を受けている外浜(通常深度20m以浅)は生物活動が活発な場である.しかし,同時に波の営力を受ける場でもあるため,堆積物は絶えず流動し,死んだ貝殻は生物的に,また機械的に速やかに破壊されていく.ところが,貝殻が化石として本来残りにくい環境であるはずの外浜の堆積物と思われる地層中に,厚い貝殻集積層がよく観察される(図 2.8).では,これらの貝殻はどのように保存されたのだろうか.この保存過程には波,特に台風などの暴風(storm)による波浪が重要な役割を演じている.暴風は大きな波浪を生成し,波浪は大きくなればなるほど海底に大きな影響を与える.暴

図 2.8 外浜の堆積物中に見られる貝殻集積層
鮮新統大日層,静岡県掛川市.

風時には海底の堆積物は流動化し，細かい粒子は懸濁し海水中を漂う．すなわち，海底面は波のエネルギーにより掘り起こされるのである．このとき，礫や貝殻などの粗い物質は懸濁せずに海底面を引きずられる．暴風が次第に弱まると波浪も弱まり，物を動かすエネルギーも弱まる．まず，礫や貝殻などの粗く質量が大きいものから海底に静止していく．その結果，えぐられた海底面に貝殻や礫などの粗粒物質だけからなる層が形成される．さらに波浪が弱まると，粗粒物質からなる層の上に砂が堆積する．この砂層中には長周期の波が特有に形成するハンモック状斜交層理がみられることがあり，数十cmから数mの厚さになる．つまり，暴風時の波浪によって堆積物の垂直方向の再配列が起こるのである．生物的破壊や物理的破壊を被っていた貝殻は一気に堆積物の奥深くへもたらされ，これらの破壊作用を被らない深さまで埋められてしまう．形成された粗粒物質層が貝殻などの炭酸カルシウムでできたものから主になっていれば，化学的破壊に対する抵抗力も大きくなる (Kidwell, 1991)．浅海堆積物に見られる貝殻集積層はこのような過程で形成，保存されたと考えられている．

　陸棚堆積物の多くは暴風によって堆積条件を規制されており，このような堆積物をテンペスタイト (tempestite) と呼ぶ．また暴風や乱泥流(turbidity current)など，たまに起こる事件によって形成された堆積物をイベント堆積物と呼ぶ．イベント堆積物の概念は地層や地層に含まれる化石の時間の概念を大きく変えた．もし，砂岩からなるテンペスタイト中に数枚の貝殻集積層が挟まれていたとする．そして貝殻集積層と貝殻集積層の間は一連のハンモック状斜交層理からなっていたとする．この砂岩層の上下の地層の年代から，砂岩層は10万年で堆積したと推定されたならば，私たちはこの砂岩層が10万年の内の高々数週間の記録しか残していないと解釈せざるえないのである．なぜなら，1枚の貝殻集積層とその上に重なる砂岩層は1回の暴風によって形成されたはずであるから，この砂岩層全体は数回の暴風作用の記録しか残していないことになる．1回の暴風はせいぜい1週間位しか続かないはずだから，全体でも数週間にしかならない．残りの時間は地層の記録からは消えているのである．したがって，地層に保存された暴風堆積物は数万年に1回程度起こるであろう非常に大規模な暴風による，ということになる．このような地層の見方は，化石

を扱う際の研究上の解釈にも重大な影響を与えずにはおかない．なぜなら，これらの貝殻集積層は数万年の期間に生きていた生物を集積している可能性があるからである．

化石の保存過程は実にさまざまで，その学問的体系化は未だに完成していない．化石の保存過程をあつかう学問をタホノミー（taphonomy）と呼び，その中でも化石の地層中の配列をあつかう学問をバイオストラティノミイ（biostratinomy）と呼ぶ．表2.1にキッドウェル（Kidwell, 1991）によってまとめられた化石群集の用語をまとめた．化石の産状を示す用語として自生（autochthonous），他生（allochthonous），準自生（parautochtonous）などが使われてきたが，これらの用語は古くから使われていたので定義が人によって異なることがあり，曖昧さが残る．たとえば，貝殻などが最も物理的に動か

表 2.1 硬組織よりなる生物群集と遺骸群集 （Kidwell, 1991, table Ⅰより改作）

Ⅰ．生きた生物によって構成されるもの・・・・・・・・・・・・・・生体群集(Community)

Ⅱ．死んだ生物によって構成されるもの　・・遺骸ないし化石群集(Death or fossil assemblage)
 A．生息域内で形成されたと考えられるもの　・・・・・・同相群集(Indigenous assemblage)
  1．種の産出頻度，サイズ分布がほとんど生体群集と同じ
   で，しかも生息時の姿勢を保っているもの　・・・・・・・・・・(Census assemblage)
  2．生体群集からは死後の擾乱(離弁化，生息姿勢の改変，
   小型で脆弱な貝殻の喪失)や時間平均化によって，いく
   らか変わってしまったもの・・・・・・・・・・・・・・・・生息域内時間平均化群集
    (Within-habitat time-averaged assemblage)
  3．異なる生息域からの貝殻が付加されたもの　・・・・・・・混合群集(Mixed assemblage
    or indigenous exotic assemblage)
  4．生息域からの移動はないが，死んだ貝殻の蓄積や他の
   要因による物理環境の時間的変化により本来異なる生
   息域に住む貝殻が混合したもの・・・・・・・・・・・・生息域多重，時間平均化群集
    ないし環境的凝縮群集
    (Multi-habitat time-averaged or
    environmentally condesnsed assemblage)
  5．かなりの時間的隔たりのある貝殻の混合からなるもの・・・・・・・生層序学的凝縮群集
    (Biostratigraphically condensed
    assemblage)
 B．生息域の外側に運ばれた貝殻からなるもの　・・・・・・・・・外来性ないし異地性群集
  (Exotic or allochthonous assemblage)
 C．地質時代が異なる古い地層からもたらされた貝殻からなるもの　・(Remanié assemblage)
 D．地質時代が異なる若い地層からもたらされたものからなるもの　・・・(Piped assemblage)

注：適当な訳が見当たらない用語については，混乱を避けるため，あえて訳さなかった．

されやすい浅海環境に形成される貝殻集積層はカレンダー他（Callender, et al., 1992）によればすべて準自生であるとされている．この意味は貝殻集積層を形成した営力が，波浪による振動流（反対方向の流れの繰り返しなので物は水平的に大きく移動しない）なので粗粒物質を浅海域以外に運ぶ能力はないと考えたからである．しかし，準自生という用語は，カレンダー他が用いたような概念的な使い方ではなく，生息姿勢は示さないが死後の大きな移動を被っていないと露頭での観察から判断された化石群集に対して使用する研究者も多く，これらの研究者にしたがえば，上記の貝殻集積層は露頭で見る限り著しく大きなエネルギーによって貝殻が動かされているので，他生と判断される．

　これまで，化石の保存の研究というと，現生の生物群集からいかに失われたものが多いかを強調する傾向にあった．これは確かに正しい見方ではあるが，前に述べたように，研究目的さえ間違わなければ，化石はかなり多くの情報を私たちに与えてくれる．この事実を強調することを忘れてはならない．たとえば，海洋底で1平方メートルの底生生物を調べても生物はパッチ状に分布するので同じ環境に生息する生物群集全体を把握することは困難であるといわれている．しかもそれらのパッチは移動するので季節や時間が異なると同じ場所で採集できる生物も違ってきてしまう．ところが遺骸群集は，その場所に生息していた生物が残した遺骸の総和となるので，ある環境に生息する生物全体を把握しやすいといわれている（堀越・菊池，1976；Kidwell, 1991）．化石群集の多くは同時に生息していた生物から構成されているわけではなく，異なる時間に生息していた生物からなる時間平均化(time averaging)された遺骸群集なので，一露頭の採集で同じ環境に生息する生物の総和を反映している可能性が高いのである．このように，化石情報の性質を正しく判断して使用すれば多くの情報を引き出すことができる．

2.3　化石と地質時代

　図2.9に地質年代表を掲げた．すべての地質時代は化石によって編年されている．古生代，中生代，新生代などの「生」の文字は生物を意味し，それぞれの時代の地層から産出する生物が違うことを示している．「古生代の末に三葉

2.3 化石と地質時代

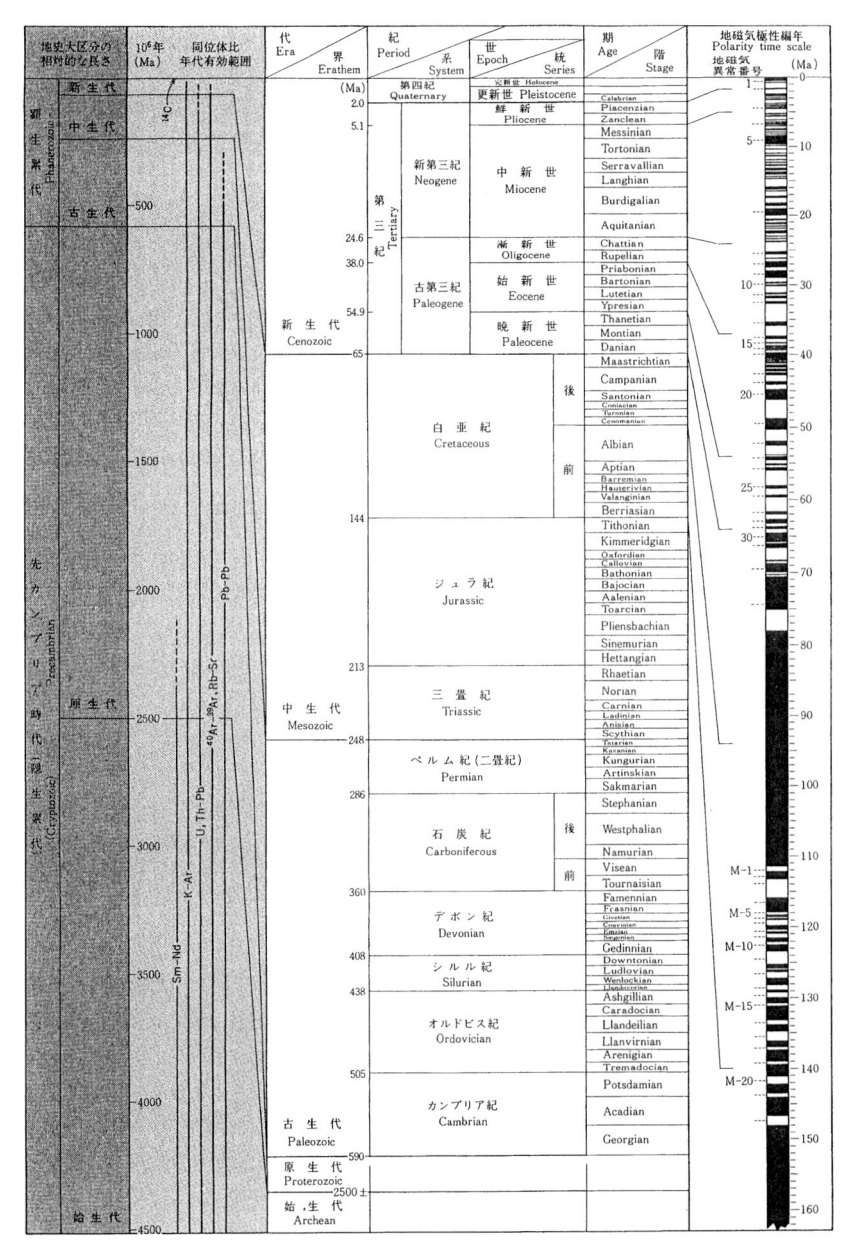

図 2.9 地質年代表（杉村他編，1988，図 17.1）

虫は絶滅した」とか「中生代の終わりに恐竜は絶滅した」などという表現をする人がいるが，このような表現は誤りである．三葉虫などの古生代を代表する化石が地層から産出しなくなった層準を古生代の終わりにしたのであり，恐竜などの中生代を代表する化石が産出しなくなった層準を中生代の終わりにしたのである．絶対年代で見ると地質時代の区切り方はきわめて半端な数字で，もっと切りのよい年代で区切ればよさそうに思うかもしれないが，それぞれの時代は固有の生物相で特徴づけられ，古生物学者ならば露頭から産出した化石で時代決定が可能である．

筆者（間嶋）は学生時代に北海道の新生界を調査していたとき，いままで見たことのない緑色の砂岩が露出しているのを見つけた．その砂岩からは非常に保存のよい新生代に普通に生息している貝化石（キヌタレガイの仲間）が出てきたので喜んで採集していると，何か円盤状の塊が出てきた．砂をはがしていくと，なんとアンモナイトであった．アンモナイトは中生代に生きていた生物である．この緑色の砂岩は中生界だったのである．調査の後，地質図を調べると，緑色の砂岩が露出していた周辺には複雑に断層が走り，新生界と中生界が複雑に入り組んで分布している場所であった．この場所では新生代の化石より中生代の化石の方が保存がよく，意外な思いをしたことを記憶している．化石により時代が決まることを実感できた最初の経験だった．

上に書いたエピソードに新生界，新生代，あるいは中生界，中生代などの言葉が出てくる．英語で書くと新生界と新生代はCenozoic，中生界と中生代はMesozoicで同じである．では界と代は何を区別しているのだろうか．簡単に言うと界は地層の区分を意味し年代的層序区分といい，代は年代そのものを意味し，年代区分という．これらの関係を下に示す．

年代層序区分	年代区分
界：Erathem	代：Era
系：System	紀：Period
統：Series	世：Epoch
階：Stage	期：Age

化石を用いて時代を決定する学問を生層序学（biostratigraphy）という．生層序学の研究に適した化石は分布が広く生存期間が短いものである．このよ

うな化石を示準化石（index fossil）と呼ぶ．古生代や中生代の示準化石は三葉虫やアンモナイトなどの大型化石と，コノドント（原索動物の器官と考えられている）や放散虫などの微化石である．一方，新生代の示準化石は有孔虫やナノ化石などの浮遊性微化石が主である．浮遊性微化石は分布が広く，また進化速度が速いため示準化石に好適である．古生代や中生代の地層では，微化石の処理が難しいことや，動物地理区が新生代ほど明瞭ではないことから，大型化石も生層序の重要な手段となっている．

　図2.10に新生代浮遊性有孔虫化石のレンジチャートの一例を示した．このようなレンジチャートを用い，生層序学者は，ある種の出現や絶滅，共存する種の組み合わせなどから化石帯（fossil zone）を地層中に設定し，この帯をもとに別の地域の地層と対比を行うのである．対比の際，問題となるのは地域による生物相の異なりである．たとえば，現在の熱帯に住む生物と寒帯に住む生物では著しく生物相が異なるように，場所が異なれば同じ時代に生きていた生物も異なる可能性がある．最も深刻なのは，海成層，淡水層，陸成層間の対比である．これらは地域的に連続していても生息している生物が著しく異なる．

　現在では地層の対比を化石だけで行うことはむしろ稀である．化石以外の時代決定の手段としては，放射性元素の壊変を用いる方法や古地磁気を測定する方法などがある．放射性元素を用いる方法としては，ウラン―鉛（U-Pb）法，カリウム―アルゴン（K-Ar）法，ルビジウム―ストロンチウム（Rb-Sr）法などがあり，これらは主として100万年より古い時代の絶対年代の測定に使用される．また，炭素14（^{14}C）法は第四紀の絶対年代測定に使用される．これらの方法の欠点として，測定できる物質が限られることと，誤差が大きい場合があることなどがあげられる．

　古地磁気から年代を知る方法は，過去の地球で頻繁に起こっていた磁極の逆転現象を地層から読み取り，他の地層と対比することによって年代を決める．この方法は海成層，淡水層，陸成層などの堆積環境や地域間の異なりが出ないため，きわめて有効である．しかし，磁極の正逆はわかっても時代そのものがわかるわけではないので，時代は化石などを用いて決めてやらなければならない．現在の地質年代表はこれらさまざまな手段を総合して作成されている．

　地質年代学に用いられる単位には岩相層序学的単位（lithostratigraphic

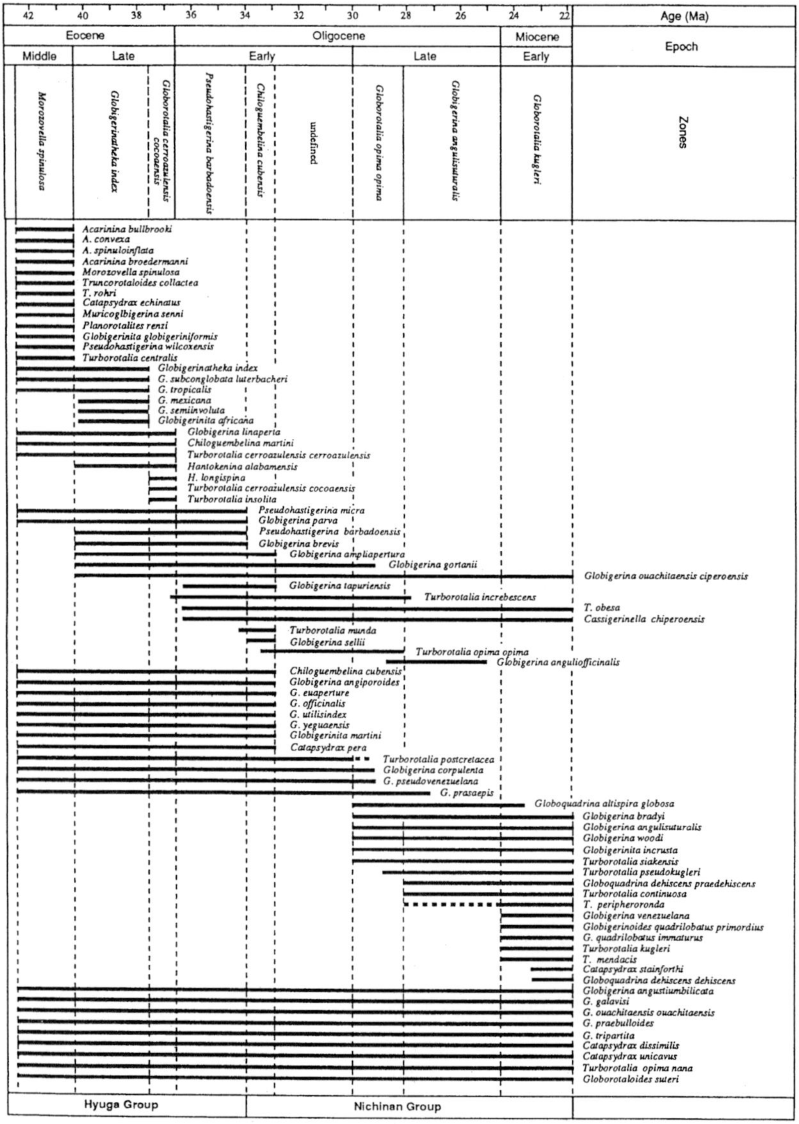

32　　　　　　　　　　　　　2. 化　石

図 2.10　日向層群と日南層群（九州）における浮遊性有孔虫のレンジチャート（Nishi, 1992, fig. 7）

unit)，生層序学的単位（biostratigraphic unit），時間層序学的単位（chronostratigraphic unit）がある．これらは区別して扱わないと時代決定に混乱を引き起こすことがある．岩相層序学的単位である単層(member)，層（累層：Formation），層群（Group）などの単位は生層序学的単位や時間層序学的単位と斜交することがありえる．地層の境界が常に時間面と一致する状況は，ある時代のある堆積盆の底質がすべて砂であり，それが急激にすべて泥に変わったというような想定が必要になる．こうした想定は，現在の海洋の底質が狭い範囲でもきわめて多様性に富む事実と矛盾するし，過去の海洋でもおそらくありえないことであろう．同様に，対比に用いる化石の出現や絶滅の層準が各地で完全に同じ時間であるという想定も厳密には成り立たないはずである．地層，絶対時間，化石の産出層準の境界が相互に必ずしも一致しない事実は重要なことである．これらを混同すると何に基づいて地質時代を議論しているかがはっきりせず，混乱が起きる．

このような混乱を避けるために，上に述べた地質年代学に用いられる単位については厳密に定義されている．これらの定義についてはヘドバーグ（Hedberg, 1970 a, b, 1971 a, b）によって総括され，また，福田（1970-1971）が日本語で紹介している．

2.4 古環境指示者としての化石

環境汚染の示標として生物が用いられているように，生物は環境に著しく敏感である．年平均気温の数度の差も生物にとっては致命的であるといわれている．このような生物の環境に対する依存性を化石に応用すれば古環境の復元が可能となる．特定の環境を示唆する化石を示相化石（facies fossil）と呼ぶ．たとえば，シジミの化石が地層から産出すれば，それが死後に大きな距離の移動を被っていない限り，産出地点の環境は汽水域であったことが推定できる．このように化石は古環境の指示者として地質学的にきわめて有用である．

現在の日本列島太平洋側の黒潮と親潮の境は銚子の沖にあるが，この境の南側（黒潮側）と北側（親潮側）では海生の底生生物相が大きく異なっている．黒潮は暖流系の海流で熱帯や亜熱帯に分布する種が生息できる環境を形成して

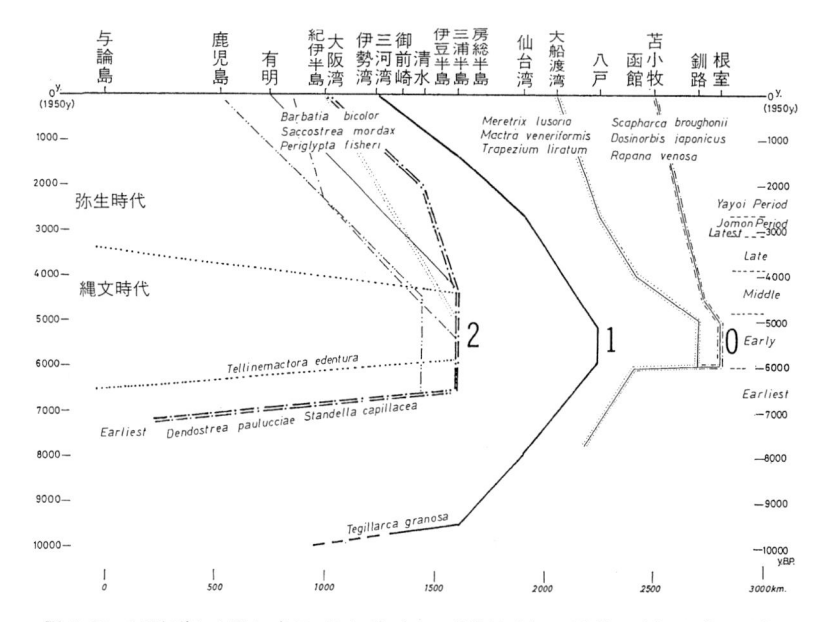

図 2.11 1万年前から現在(1950年当時)までの熱帯種(2),亜熱帯種(1),温帯種(0)の分布の北限(松島,1984,図24を改作)
縦軸は時間,横軸は沖縄から北海道の調査地点を南(左)から北(右)に並べてある.調査した資料は貝化石.

いるのに対し,親潮は寒流系の海流で寒帯に分布する種が生息できる環境を形成している.これら黒潮に住む生物と親潮に住む生物の時代ごとの分布を調べれば両海流の盛衰の歴史を読むことが可能となる.

図2.11は,熱帯種(図の2の線),亜熱帯種(1の線),温帯種(0の線)の1万年前から現在に至る日本列島での分布北限の記録である(松島,1984).縦軸は時間を,また横軸は,鹿児島県与論島から北海道根室までの調査地点を左から右に(南西から北東へ)距離にしたがって並べてある.この図を見ると約5000年から6000年前の亜熱帯種(図の1の線)の分布は岩手県大船渡付近まで北上していたことがわかる.このことから,当時の黒潮は,少なくとも岩手県沖あたりまで分布を広げていた可能性が示唆される.この時代は縄文海進として知られており,温暖化による氷河の減少で著しく海水面が上昇した.

図2.12に巻貝2種の新生代における分布を示した(Majima, 1989).図Aの *Euspira meisensis* は漸新世から中期中新世前期まで生存していた熱帯ない

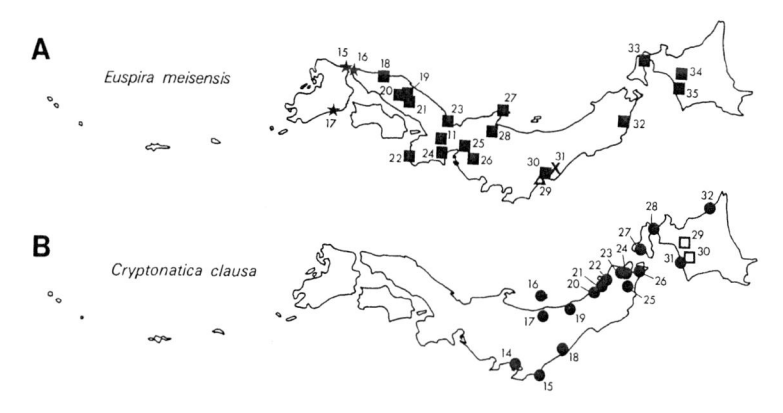

図 2.12 温暖性（A）と寒冷性（B）気候を示すタマガイ科巻貝化石 2 種の分布 (Majima, 1989, text-figs. 3, 4 から改作)
×：漸新世, ★：前期中新世, ■, □：中期中新世前期, ●：鮮新世および前期更新世. 中期中新世前期には, 北海道に両種が産出したことから, 黒潮と親潮の境界は, 当時北海道付近にあったと推定される.

し亜熱帯性の種である．図の黒四角は本種の中期中新世前期の分布を示し，この時代には北海道まで本種は分布を広げていたことがわかる．一方，図 B の *Cryptonatica clausa*（ハイイロタマガイ）は現在北極を中心に分布している寒冷種で，図の白四角は，中期中新世前期の本種の分布である．この時代には，本種が北海道に分布していたことがわかる．したがって，中期中新世前期には，この 2 種の分布から北海道付近に黒潮と親潮の境界があったことが推定できる．

海洋の底生生物化石は古水深の推定に用いることが可能である．特に新第三紀以降の化石には現生種と共通する種が多いことから，古水深の推定の研究に用いられてきた．図 2.13 に貝化石による古水深推定の一例を示す．この方法は化石産地から産出した種のうち，現生種と共通するものについてその生息深度を調べ，深度の重複した部分を化石産地の古水深として推定する方法である．図 2.13 の例では，水深 100 m から 200 m で地層が堆積したことが推定された．こうした研究を行う際の問題点としては，現生種の深度分布がかならずしも正確にわかっているわけではないことがあげられる．また，分布が広い種では，緯度によって生息深度が異なる場合が知られている．たとえば，上記のハイイロタマガイは，日本近海で水深数 100 m 以深に分布するが，北極域で

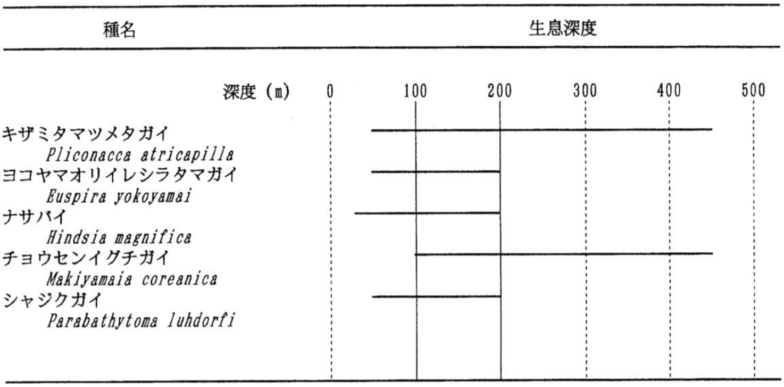

種名	生息深度

深度 (m)　0　100　200　300　400　500

キザミタマツメタガイ
Pliconacca atricapilla
ヨコヤマオリイレシラタマガイ
Euspira yokoyamai
ナサバイ
Hindsia magnifica
チョウセンイグチガイ
Makiyamaia coreanica
シャジクガイ
Parabathytoma luhdorfi

図 2.13 化石産地の古水深の推定（今井，1990 MS，第 24 図を改作）
産出した化石のうち，現生種の生息深度を調べ，重複した範囲を，その産地の古水深とする．この例では古水深 100～200 m が推定された．掛川層群土方層（上部鮮新統）における例．

は水深 10 m 程度から生息している（Marincovich, 1977）．また，産出した化石が死後の移動を被っていないことを化石の産状から確かめる必要がある．しかし，化石が死後の移動を受けていないかどうかを判定することは容易ではないことが多く，基質に点在して産出する貝化石などの大型化石は大きな死後移動を受けていないと考えて研究を進めているのが実情である．また，最近は浅海域の堆積作用が詳しく明らかにされてきたので，堆積相から判断した古水深と貝化石から推定した古水深を組み合わせて議論される傾向にある．現生種の生態情報を基に古環境を推定する方法は，現生種の産出が期待できない古い時代には適用できない．

　ヒックマン（Hickman, 1984）は，深度ごとの底生貝類の摂食方法に特徴があることを示し，摂食方法によって規制される貝類の大分類を用いて古水深を推定する方法を提唱した．すなわち，二枚貝を例にとると，陸棚(shelf)では懸濁物が多いので海水を直接体内に採り入れて食物を得る懸濁物食者が卓越し，漸深海（bathyal），深海（abyssal）と深度が増すにつれて堆積物を体内に採り入れて食物を摂取する堆積物食者（deposit feeder）が卓越してくる傾向がある．二枚貝を四つの分類群（分類階級でいう目のレベル）に分けてみるとアサリやハマグリが属する異歯類（heterodonts）の種には懸濁物食者が多く，クルミガイやソデガイが属する原鰓類（protobranchs）には堆積物食者

が多い.そこで,現生の二枚貝の目レベルの産出頻度を深度ごとにまとめてみると,明らかに異歯類に属する二枚貝は陸棚に多く,原鰓類に属する二枚貝は深海に多いという傾向が見られる(図 2.14).二枚貝の大分類は食物の摂取に関わる鰓の構造と密接に関連しているため,この傾向は,基本的に現在も過去も同様であったと推定できる.したがって,化石産地の二枚貝の大分類の種数の比率は,古水深を反映している可能性が高いことになる.ヒックマン(Hickman, 1984)は北アメリカの古第三系から産する貝化石にこの堆積深度推定方法を使用し,その古水深を議論した.

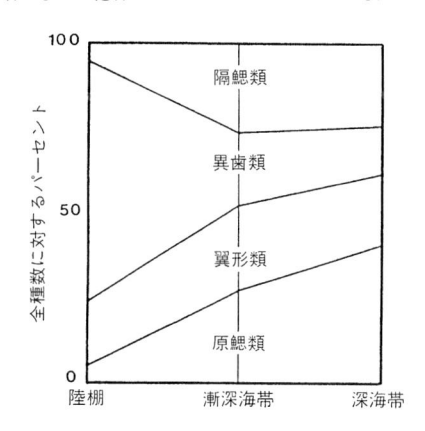

図 2.14 水深による二枚貝類の大分類ごとの比率(種数)の異なり(Hickman, 1984, fig. 1 を改作)

タホノミーの研究の進歩によって海生大型化石の産状が詳しく理解されるようになってきた.その副産物として化石の産状それ自体が有効な古環境指示者であることがわかってきた.たとえば,これまで堆積相でしか読めないと考えられてきたイベントを大型化石の産状の解析を行うことによって読むことが可能であることを示した研究がある.そうした研究の一例は,第 4 章の高鍋層の貝化石の研究で具体的に示そう.

3
化石と種

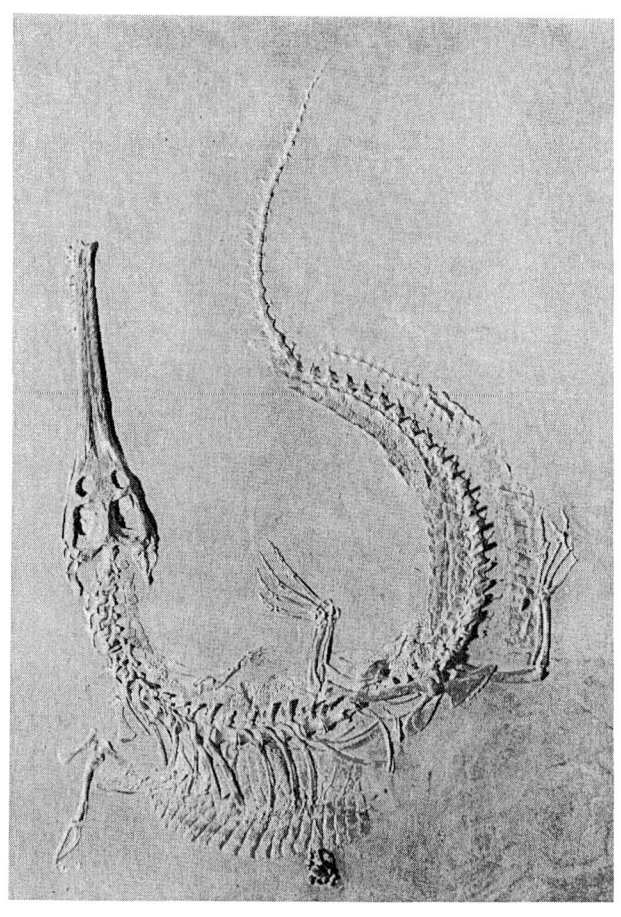

ガンジスワニに似た _Steneosaurs_ (全長 2.7m)
ホルツマーデン (Holzmaden) 産 (ジュラ紀, ドイツ). バーデンベルグ (Württemberg) のハウフ (Hauff) 博物館所蔵.

古生物学を取り巻くさまざまな問題のうち,化石生物の種の問題は多くの古生物学者を悩ませてきた.そこで,この章では化石を取り扱う上で,種をどのように認識したらよいかを考察したい.結論を言えば,

> 「種とは形態の特徴で定義されるものではなく,その種を構成すると判断された生物個体の相互関係の有り様を推測したものである.したがって,形態の定義は,ある種に属すると推測された個体の集合から帰納されたものである.」

本章では,まず種にまつわるいくつかの問題を考察し,次に種を化石生物に適用する際の問題点を考え,古生物学では種をどのように扱うべきかを議論する.そして,最後に命名規約について解説する.

3.1 生 理 種

種の定義として,これまで広く使われてきたのは,生殖の機会がほぼ均等にありうる個体の集まりとして定義される個体群(population)間の生殖的関係を基礎としたものである.これを生理種(physiological species)と呼ぶ.生理種はマイア(Mayr)によれば,次のように定義される.

> "A species is an array of populations which are actually or potentially interbreeding and which are reproductively isolated from other such array under natural conditions."

> 「種は現実的にまたは潜在的に交雑しつつある個体群の集まりで,それは自然状態の中で他の同様な関係にある個体群の集まり(種)と生殖的に隔離されている(Raup and Stanley, 1978:花井他,1985の訳による)」

この定義の意味を以下に解説する.

ある地域に存在する交配の機会がほぼ均等にあり,実際に交雑し,繁殖している集団(個体群)を構成する個体は,同じ種に属する.一方,同一地域に分布しながら相互に交配を行わないか,あるいは,行っても子孫を残せないような個体群間の関係は別種である.2番目の例のように,何らかの原因で子孫を残せない関係を生殖的に隔離されているといい,また同一の地域に分布する個体群間の関係を同所的(sympatric)という.

同所的に生息する個体群間の種の関係は理解しやすいし，観察などを行えば検証が可能である．問題は，異なった地域に分布する（異所的：allopatric），言い換えれば個体相互の交雑の機会がほとんどないような個体群間の関係である．定義によれば，二つの個体群が接近した場合，両個体群内の個体が相互に交雑し，繁殖できれば同種となる．一方，二つの個体群が接近したとき，それらの個体群間の個体の生殖時期が異なっていたり，たとえ交雑しても子孫を残せなかったりするように，生殖的に隔離されている場合には別種となる．定義の中で「潜在的」と表現しているのは，このような可能性を意味している．

次に，定義中に「自然状態の中で」という，ことわりが入れてあることを考察してみよう．近縁な2種間では，自然状態で相互に交配することが同所的に制限されているにもかかわらず，人工的な環境では交雑し，繁殖してしまうものがある．したがって，異所的に生息する個体群間の種の関係を知るために交配実験を行ったとしても，その結果は参考にはなるが，決め手にはならない．それでは，これらの関係を分子生物学的な手法を用いてDNAやRNAの組成から検証できないだろうか．この方法はかなり有効な手段ではあるが，最近明らかにされた細胞質不和合性を示す生物には適用できない．細胞質不和合性とは，生物の体内に住む共生生物が寄主の受精や発生に深くかかわり，交雑した個体間の共生生物が不和合であると交雑しても生殖が妨げられる現象をいう（秋元, 1992）．共生生物がわずかにでも変化してしまうと，同一個体群内の個体間でも，生殖が妨げられてしまうのである．この現象は宿主の遺伝子とはまったく無関係に起こる．つまり，生殖的隔離は個体群間の遺伝的分化とは無関係に生じることがありえるのである．

生理種の定義から明らかな点は，同所的な個体群間の種の問題は，理屈の上では観察などを通じて解決可能である．ところが，異所的な個体群間では，将来同所的になるのを待たなければ検証が不可能であるということになる．しかも，それらの個体群が将来同所的になるという保証はどこにもない．さらに，個体群はそれ自身進化するので，将来同所的になった時点と，それ以前の性質が同じであるという保証もない．むしろ同じでない可能性の方が高いかもしれない．

生理種の定義には形態に関する記述が一つもない．種は個体群間の生殖関係だけで定義されている．では，形態は無関係なのかといえば，おおいに関係するのである．そもそも個体群を現実的にどのように認識するかは，実際のところ形態を含む特徴によるしかない．たとえいくつかの個体間の交配関係が自然状態で確認できたとしても，その個体群に属するすべての個体について調べたわけではないから，残りの個体については形態的特徴が似ているということで同じ個体群に含めざるをえない．このように，私たちが個体群を認識できるのは，形態を含むさまざまな外面的特徴による以外に方法がないのである．さらに，異所的な個体群間の種の関係の判断が，自然状態での生殖関係に基づいて決定することが現実的に不可能である以上，その判断は，やはり形態を含むさまざまな特徴に頼るしかない．結果的に，似ているものは同種になるであろうし，似ていないものは別種として扱われるであろう．生理種を考えるとき，私たちは形態の果たす重要な役割を忘れがちであるが，決して忘れてはならない点である．

表3.1に異所・同所，形態，生殖的隔離，種・亜種，および表現形の関係を示した（Mayr, 1969）．この表で，同胞種（sibling species）とは，特徴がまったく同一なのに生殖的に隔離されている種間の関係をいう．また，表現型（phenotype）とは，雌雄の異なりや（性的二形：sexual dimorphism），対立遺伝子によって生じた複数の不連続な外面的な特徴や生理的な特徴が同一個体群内に存在した場合，それらの型のことをいう．さらに，亜種（subspecies）とは，同一種の中に地理的変異が存在し，その変異を人為的に区分した命名規約上認められた種の下の唯一のランクである．この表から，生物学でも形態が同じ・違うという以外に種の判断基準が現実的に

表 3.1　異所・同所，形態，生殖的隔離，種・亜種，および表現形間の関係（Mayr, 1969, table 8-1 による）

	生殖的に隔離されていない	生殖的に隔離されている
形態的に同一：		
同所的	同じ個体群	同 胞 種
異所的	同じ亜種	同 胞 種
形態的に異なる：		
同所的	同じ個体群内の表現型	別　　種
異所的	別 亜 種	別　　種

3.2 時間を横切る種

生物は進化し，形を変え，現在の多様な生物界をつくり出してきた．種もまた形を変え，変化する単位である．現生の生物を扱うだけなら個体間の時間の関係はあまり問題にならない．しかし，過去の生物も含めて扱うと，私たちはきわめて根本的な問題に突き当たることになる．もし，現在の生物がきわめて少数の祖先から出発し，現在の多様性を得たならば（これは生物学の基本的な前提条件である），そして，地球上に生存していたすべての生物個体を知りえたならば，それらの個体の特徴はすべて連続して見えるはずであり，その間に境界を引くことは困難になる．そのような理由で時間軸にそって連続的に変異し，分岐する種の分類方法に関する案が古生物学者から提示されてきた（図3.1）．ところが，連続的に時間にそって変化する種を区分する基準を古生物学者が必要とすることはほとんどなかった．一部の例外をのぞいて，時間軸を横切る過去の生物を，一時間面だけから構成される現生生物と同様の基準で分類しても，混乱が起きるようなことはなかったのである．時間軸を横切る過去の生物を扱っても，種の境界は現生の生物同様明瞭だった．これはなぜなのだろうか．ダーウィン（Darwin, 1859）の有名な言葉を引用しよう．

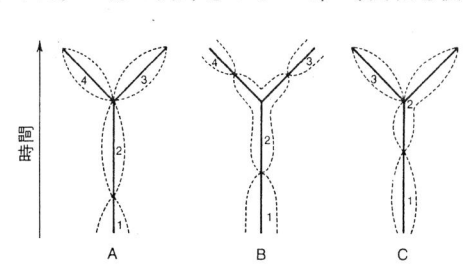

図 3.1 時間軸に沿って徐々に形態を変え，種が分岐した系統内の種の分け方 (Raup and Stanley, 1978, fig.5-1 による)
まったく同一の系統内でも，分ける基準によって種は恣意的に分類される．

"The geological record is extremely imperfect and this fact will to a large extent explain why we do not find interminable varieties, connecting together all the extinct and existing forms of life by the finest graduated steps. He who rejects these views on the nature of the geological record, will rightly reject my whole theory."

3. 化石と種

「地質学的な記録は極端に不完全である．そして，この事実は，なぜ我々が時間軸に沿ってわずかずつ変化する連続的な変異によって，過去と現在のすべての生物がつながらないかを十分に説明する．もし，地質学的記録に対するこの見方を拒否する人がいるなら，それは私の進化論全体を拒否するに等しい．」

ダーウィンにとって，生物が跳躍的に進化することを認めることは，彼の自然選択説の骨子から考えて有りえるはずのないことだったのである．エルドリッジとグールド (Eldredge and Gould, 1972, 1977) は，ダーウィンに代表される，「種は漸移的に徐々に進化する」という見方を種の進化の漸移観 (gradualism) として批判し，新たに種の進化の断続平衡観 (punctuated equilibrium) を示した．彼らの主張を以下に要約する．

「地質学的記録はそれほど不完全ではなく，種の進化の様子も十分に記録の中に捕らえている．種の漸移観に立った何人かの古生物学者は，化石の記録の中に種が徐々に進化している例を示したが，これらの研究は，変化する環境に対する種の可逆的な形態的適応（つまり，遺伝的変更を伴わない変異）を示しているにすぎない可能性が高い．さらにいくつかの研究は統計的な検証に耐えるほどのデータに基づくものではなかった．これらの，種が漸移的に進化するとした化石の研究は，当時の進化論が要請した進化の漸移観こそ真であるとする予断に基づいたものではなかったか．むしろ，進化論をあまり考えなかった生層序学者によって，化石から時代を決める手段として膨大な量が蓄積されてきた種のレンジチャートの方が，種の進化の実体を示している可能性が高い．これらのレンジチャートは種が突然現れ，あたかも平衡状態にあるように形態を変えないまま突然消えることを示している．これらの膨大なデータそれ自体が種の漸移観に対する最大の経験的反証である．」

それでは，種はどのように進化したのだろうか．どのように進化したとすれば，断続平衡説が言うような形態の時間的推移になるのだろうか．彼らは種の形態変化が種分化の時期に集中し，種分化が終わると速やかに種の形態が安定すると考えた．そして，彼らの言う種分化とは，種の分布の周辺域に生息する少数の個体からなる個体群に起こると予想される劇的な遺伝的変化が固定し

（通常は絶滅するがきわめて稀に新たな優れた形質を持つ種が誕生する可能性がある），新たな種が急速に生まれ，その種が既存の種を置き換えたり，既存の種と並列して繁栄するとした異所的種分化（allopatric speciation）の考えに基づくものであった．この考えは，これまで一般に考えられてきた種分化のシナリオと整合的である．種分化の期間，つまり，形態が種から種へと遷移する期間は地質学的スケールから考えればきわめて短く，記録に残ることは非常に稀だと彼らは考えた．さらに，一度種分化し比較的大きな個体数を有するようになった種は，あたかも平衡状態にあるように形態が安定することが知られている．

ここで注意しなくてはならないのは，断続平衡説でも，地球上に存在した生物がすべて出そろえば，やはり形態上の境界を引くことは困難であることに変わりがない点である．断続平衡説は，種が変化するのは種分化の時期に集中していると考えた．そして，種分化は地質学的に見ると非常に短いので，その時期の変化が化石の記録に残ることはきわめて稀に違いないと主張したのである．

ただし，マイア（Mayr, 1988）によれば，彼らのダーウィンに対する批判はあたらないという．ダーウィンが批判したのは世代間の劇的変化で，種の進化速度が異なることはダーウィン自身認めていたというのである．

種の断続平衡観や漸移観は検証不能である．その後の研究によって，種が漸移的に変化する化石の例が統計的検証に耐えうるレベルで公表されている．おそらく種は，断続的にも漸移的にも進化すると思われる．問題はどちらがより優勢な傾向を示すかにある．ここで，私たちが出しえるデータは，やはりこれまで蓄積されてきた化石種のレンジチャート（図3.2, 2.10）である．これらのチャートが，きちんと機能しているという事実そのものが種の断続平衡的変化の優勢的傾向を擁護しているように思える．

断続平衡説が古生物学にもたらした最大の貢献は，私たち古生物学者が行う化石種の分類が，単なる化石の記録の不完全性という偶発的要因に支配されているわけではないことを主張した点である．この意味で断続平衡説が古生物学者に与えた衝撃と希望は，計り知れないほど大きいといえる．

3. 化石と種

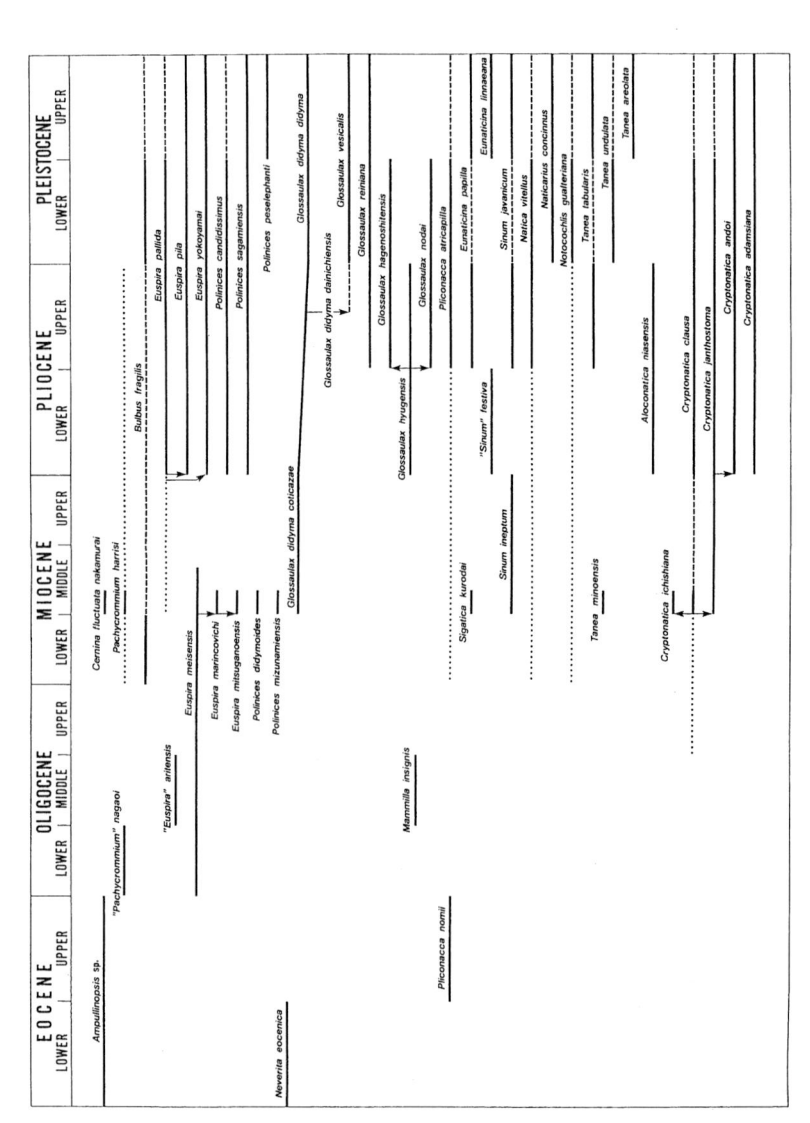

図 3.2 新生代日本産タマガイ科貝のレンジチャート (Majima, 1989, text-fig. 7 による)

3.3 古生物学における種の適用

「化石は，形態に基づく以外に種を分類できない．したがって，古生物学者が扱う種は形態種である．」という意見を耳にすることがある．しかし，この意見は誤っている．もし，純粋に形態にのみ基づくならば人間の男と女，大人と子供，人種間の異なりも別種として扱わなければならなくなる．これを認める古生物学者はいないであろう．意識するか，しないかに関わらず，私たちは化石を分類するとき，生物種には雌雄，成長段階，環境的要因などに規制された変異があることを考慮して行っているのである．そもそも純粋な形態分類などは生物分類にはありえない．なぜなら，この世には一つとしてまったく同じ生物個体は存在しないからである．したがって，生物の分類を行うときは，対象を抽象化し，分類基準を決めなくてはならない．私たち古生物学者は，対象となる化石を変異を持つ生物として捕らえ，現生生物の研究で確立されたさまざまな知識を応用して分類基準を判断しているのである．

個体群を認識するときは，生物学者といえども形態を含めた個体の外面的特徴に基づいてそれらをグルーピングせざるをえない．そして，このグルーピングの最も基本となる特徴が形態であることに異論はないであろう．この意味でいうと，扱える特徴が生物学者よりも少ないという点を除けば，また，認識した個体群と同所的な個体群間の関係や，個体群内の変異の実体（雌雄の差，対立遺伝子による多形など）を実証する手段を持たないという点を除けば，個体群の取り扱いは生物学も古生物学も基本的には同じである．私たちは，化石標本の分類形質を規制する要因について，実証こそできないものの，類推し考察することは可能である．扱った化石に近縁な現生生物の変異を調べ，その結果を化石に適用して考察することはできるのである．たとえば，ある化石生物に常に共産する二つの型が見られたとき，その化石生物と同じ分類群の現生種が雌雄同体であるならば，この二つの型が雌雄の異なりである可能性は非常に低くなる．こうした推測の手段を増やすために，古生物学者は日々新たなデータの蓄積や，より保存のよい化石の発見に励んでいるのである．

古生物学で扱う種とは形態の特徴だけで決められているわけではなく，その

種を構成すると認識された生物個体の相互関係を推測したものである．この推測の基準は，初めに述べた生理種の基準である．この基準をもとに私たちは種を推測する．結果的に，種の形態の定義は，その推測から導かれた種に属する標本全部を考慮して抽象化されたものになるであろう．したがって，私たち古生物学者が扱う「種とは形態の特徴で定義されるものではなく，その種を構成すると判断された生物個体の相互関係の有り様を推測したものである．したがって，形態の定義は，ある種に属すると推測された個体の集合から帰納されたものである」となる．本章の冒頭で述べた結論がここで導かれた．

古生物学では，きわめて少数の，場合によっては一個体の化石から種の検討を行わなくてはならないことがある．前章で述べたように，化石として保存される生物個体は非常にまれであり，一個体でも発見されれば，それは保存の確率からいってかなり大きな個体数を有した種であると推測できる．このような一個体しか産出しなかった種の扱いも原則的に他の化石生物の扱いと異なるわけではない．この個体が，近縁な生物の種の分類基準と比較して異なりが大きなものであれば，新たな種として判断されるかもしれないし，また，近縁な生物の変異の大きさから考えて既存の種に含めた方がよいと判断されるかもしれない．この判断基準のデータが一個体では非常に限定されるだけなのである．重要なことは，種を判断するとき，どこまで確からしい推定ができたかを常に意識することであろう．そして，できればその確からしさを論文に記述することだと思う．

分類学の論文では，種の形態的定義が初めに記述され，それが絶対に正しいとして以後の記述を行うことが伝統的な記述方法として確立している．そのため，種を認識したプロセスが書かれることは非常に少ないのが実情である．研究上のプロセスを書くと，そこに記載された種が実はこの程度あやふやなものだと書くことになってしまうからである．読者は，論文中のデータから，どのようなプロセスで種を認識したかを推測するのが一般的である．しかし，種の認識はいかようにしても相対的にならざるをえないのは，これまで議論してきたとおりである．この問題は，現生生物の分類でも化石生物の分類でも程度の差こそあれ，事情は変わらない．そろそろ伝統的な記載方法を変えて，記載の重点を種を認識したプロセスに重きを置く方向に転換すべき時期にきているの

ではないだろうか．そうした記述を行えば，古生物学と生物学での種の認識の程度の違いも分類論文の中で解消される可能性があるように思える．

　現在の生物分類学者は，研究室に閉じこもり蓄積された膨大な標本を整理するというイメージから，フィールドに出て対象とする生物の生態観察を通して分類を行うようなイメージへと変わりつつある．もちろん標本の整理が重要なことはいうまでもないが，それだけでは種の実体に迫れないことは上に述べたとおりである．古生物分類学者も同様である．フィールドで化石の産状を観察し，その化石を産出した地層の堆積プロセスから，どのような過程を経て，化石がそこにあるのかを理解しなければ個体群の認識すらできない．古生物分類学者は生物学的知識に精通していなくてはならないと同時に堆積学やタホノミーなどに関わる地球科学上の知識にも精通していなくてはならない．これまで，古生物学の科学性の欠如の原因の一つとして，種の客観性が乏しいことが指摘されてきた．しかし，種の客観性の欠如の問題は程度の差こそあれ古生物学でも生物学でも同じである．実は，化石分類の最大の弱点は種の問題よりも，それが未知の生物群であったときに，高次の分類群に位置付けをする際の扱える形質（これらは化石に残りにくい軟組織であることが多い）の少なさにある．そして，この問題の方が古生物学にとっては，より深刻な問題なのである．

　最後に分類学の歴史科学性を強調する．これまで繰り返し述べてきたように歴史科学で得られる解は常に相対的である．したがって，分類学上の結果も相対的なもので，常に新たなデータによって書き換えられる宿命を持つ．ところが，論文の中の多くのスペースが記載で占められるため，分類学を単なる整理学問であると勘違いし，整理するだけであるから一度整理すればそれでおしまいというイメージを持つ人がいないとはいえない．分類学は歴史科学の手法の上に合理的な解を求めるものである以上，その解は新たな発見や概念の進歩によって常に改定される宿命を持つ．私たちは分類学の歴史科学性を認識し，その解が，常に一モデルにすぎないという立場を取るべきであり，また書き換えられる宿命を持つという認識が必要である．

3.4 命名規約

生物はその近縁性によって,階層的に区分することができる.それらは上位の階層から,界(Kingdom),門(Phyllum),綱(Class),目(Order),科(Family),属(Genus),種(Species)と下位に向かって区分されている.これらの中に上科(Superfamily),亜属(Subgenus)のように,中間的な区分が加わることもある.アサリを例にこれらの階層を見てみよう.

動物界　Kingdom Animalia
　軟体動物門　Phyllum Mollusca
　　二枚貝綱　Class Bivlavia Linnaeus, 1758
　　　異歯亜綱　Subclass Heterodonta, Neumayr, 1884
　　　　マルスダレガイ目　Order Veneroida H. Adams & A. Adams, 1856
　　　　　マルスダレガイ超科　Superfamily Veneracea Rafinesque, 1815
　　　　　　マルスダレガイ科　Family Veneridae Rafinesque, 1815
　　　　　　　リュウキュウアサリ亜科　Subfamily Tapetinae Adams & Adams, 1857
　　　　　　　　アサリ属　Genus *Ruditapes* Chiamenti, 1900
　　　　　　　　　アサリ　*Ruditapes philippinarum*(Adams & Reeve, 1850)

(波部,1977による)

生物がこのような階層性(hierarchy)にしたがって分類できるのは,生物進化の反映であると理解でき,進化の重要な根拠の一つとなっている.命名規約とはこれらの名称をどのように付けたらよいかをまとめた規則である.研究者が規則もなく,バラバラに名前を付ければ相互の理解が困難になる.

以下に命名規約を簡単に概説する.なお,以下に述べる内容は動物に関するもの

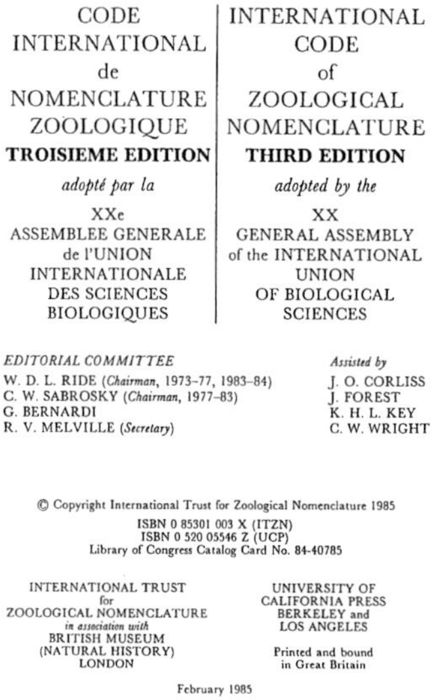

図 3.3　国際動物命名規約第3版(1985)の表紙

で，植物や菌類では異なる部分がある．動物学の命名規約は国際動物命名規約（International Code of Zoological Nomenclature）として，1985年に第3版が出版されるに至っている（図3.3）．この版については渡辺（1992）による詳しい解説がある．

命名規約の基本的な精神は二命名法と先取権の尊重である．

1) 二命名法

二命名法（binominal nomenclature）の動物への適用はリンネ（Linné）が1758年から全面的に使用を始めたもので（図3.4），簡潔に種を特定できるために多くの研究者がそれにならい，現在の命名規約の基本的な柱の一つとなっている．種名（species name）は属名（generic name）と種小名（specific name）の組み合わせ，および種の命名者によって表現する．アサリの種名は *Ruditapes philippinarum*（Adams & Reeve, 1850）となる．命名者に括弧が付いているのは，その後の研究者が，アサリを最初に記載した Adams & Reeve の使用した属名と異なった属名をアサリに使用したからである（Adams & Reeve は *Venus philippinarum* として最初にアサリを記載した）．動物学では，属名の変更を行った研究者の名前は学名には表現しない．属の下には亜属（subgenus）をもうけてもよく，その場合は亜属名を括弧で囲む．また種は亜種（subspecies）に細分してもよく，その場合には種小名の次に亜種小名（subspecific name）を書く．亜種を使用した場合，命名者は亜種の命名者を書く．たとえば，アサリの場合は *Ruditapes*（*Siratoria*）*philippinarum japonicum*（Deshayes, 1853）となる．また上の例のように属名，亜属名，種小名，亜種小名はイタリックで書くことが習慣となっている（規則ではない）．動物界の属名に同じ名前があってはならない．*Ruditapes* という属名は，たとえ脊椎動物であっても使ってはならな

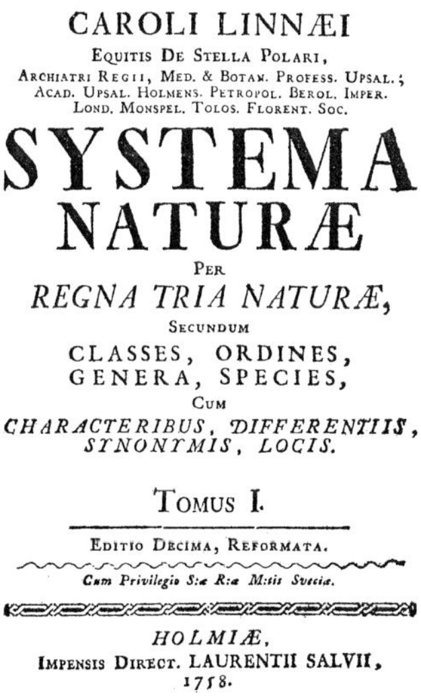
CAROLI LINNÆI
EQUITIS DE STELLA POLARI,
ARCHIATRI REGII, MED. & BOTAN. PROFESS. UPSAL.;
ACAD. UPSAL. HOLMENS. PETROPOL. BEROL. IMPER.
LOND. MONSPEL. TOLOS. FLORENT. SOC.
SYSTEMA
NATURÆ
PER
REGNA TRIA NATURÆ,
SECUNDUM
CLASSES, ORDINES,
GENERA, SPECIES,
CUM
CHARACTERIBUS, DIFFERENTIIS,
SYNONYMIS, LOCIS.
TOMUS I.
EDITIO DECIMA, REFORMATA.
Cum Privilegio S:æ R:æ M:tis Sveciæ.
HOLMIÆ,
IMPENSIS DIRECT. LAURENTII SALVII,
1758.

図 3.4 Systema Nature，第10版（Linné，1758）の表紙

いのである．

　属名と亜属名はラテン語ないしラテン語化された主格単数名詞，またはこれに準ずる語で，語の先頭は大文字でつづる．種小名と亜種小名は属名と性を一致させたラテン語ないしラテン語化させた主格単数の形容詞および名詞で，属名の性（男性名詞，女性名詞，中性名詞など）との一致により語尾が変化することがあり，語の先頭は小文字でつづることになっている．

2) 同物異名と異物同名

　研究が進むと，同じ種に異なった種名が付いたり，異なった種に同じ種名が付いたりすることがある．前者を同物異名（synonym）といい，後者を異物同名（homonym）という．

　同物異名には客観的同物異名（objective synonym）と主観的同物異名（subjective synonym）がある．客観的同物異名は同一の標本に基づいて異なった名前が付けられた場合をいう．主観的同物異名は異なった標本に基づき異なった名前が付けられたが，その後の研究によって同種と認定されたものをいう．

　異物同名には一次的異物同名（primary homonym）と二次的異物同名（secondary homonym）がある．一次的異物同名は一つの命名規約の下で管理されているグループ（たとえば動物界）の中に同じ属名が使われたり，同じ属名の下に同じ種小名が使われた場合をいう．二次的異物同名は異なった属の下に分類されていた同じ種小名の種がその後の研究によって同じ属の下に分類された結果，異物同名となったものをさす．

3) 先取権

　同物異名が生じたときは，先に提唱された名前を有効とする．これが先取権である．ただし，学名が提唱された後，長い期間使用されなかった学名や，学会で既に広く用いられている学名は，この規則が適用されないことがある．これは，命名規約の精神が学名の安定性と混乱を防ぐことにあるからである．このような問題が起きたとき，先取権を無効にする強権を発動できる審議会がある．

4) 模式標本

　種を提唱するとき，その研究に使われた標本から模式標本を選定し，公的な

機関に所蔵して公開しなくてはならない．模式標本には完模式標本（holotype：1個）と副模式標本（paratypes：複数個）がある．完模式標本は名前の安定性を保つため，かならず一つでなくてはならない．もし，複数個指定すると，将来の研究で，それらが別の種に分類されるとわかったとき，混乱を来す．副模式標本は，提唱者が認定した種の特徴，たとえば雌雄，成長段階，地理的変異の個体などがわかるように必要に応じていくつ指定してもよいことになっている．

種名は一つの模式標本（完模式標本）によって客観付けられ，属名は一つの模式種によって客観付けられ，科の名称は一つの属によって客観付けられるというように，高次の分類群の名称の客観性は，種の模式標本の存在に依存している．

5）出版物

新たな学名を提唱する出版物は，誰にでも手に入り，印刷されたものでなくてはならない．著しく入手が困難なものや，学会開催時の配付物，手書きの原稿などは命名規約の対象とはならず，先取権が適用されない．

新種の記載に当たっては近縁種との比較や定義を与えねばならない．また，写真やスケッチなどの図も添付すべきであるとされている．紳士協定であるが，言語はできるだけ世界中の人が読めるものにすべきである．英語であれば問題はないだろう．新種が見つかったからといって学名だけを記載も付けずに論文に書いたり，私的配付物に書くことは慎まなくてはならない．そのようなことをすると，他の研究者は，それが命名規約上有効なのか無効なのかを悩まなくてはならなくなる．多くの研究者は先取権を尊重するから，自分の研究しているグループに命名規約上無効な記載があったとしても，その著者が，その種に関する命名規約上有効な論文を書くまで研究を中断するかもしれない．こういった行為は研究妨害になりかねないので，厳に慎まなくてはならない．大事なことは，研究者が学名を混乱させるような行為を行ってはならないことである．

6）命名規約と分類学

実際に分類を行って記載論文を書いてみるとわかるが，命名規約の取り扱いのために多くの研究時間を割かなくてはならないことが普通である．以下に述

べるように，命名規約は分類学の本質とは無関係な所にある．命名規約に割く労力の軽減は分類学の進歩にとっても重要なことである．

　命名規約は，生物名称の安定性を保つために制定された単なる規則である．それは分類学で重要な地位を占めてはいるが，分類学の本質とは何の関係もないただの約束である．言い換えれば，科学とは別の場所にある．このことを忘れてはならない．たとえば，模式標本がちゃんと保管され，それを閲覧し比較できることが，分類学の科学性を保証するという議論がある．しかし，そうした比較は命名規約上の拘束を考えなければ，単にある個体とある個体が似ているかどうかがわかったにすぎず，手持ちの2標本を比較するのと科学的には同じことなのである．前者が後者と異なるのは，前者の標本がある名称の保証となる標本であるという点だけである．これは分類群の科学性が保証されることとは何の関係もない．分類群の科学性とはあるグルーピングが，いかに自然を反映しているかであって，その名称が何であるかではない．分類学からいえば，フィールドでの生きた個体の生態観察の方が，死んだ個体の形態比較より重要であるのは，これまで議論してきたとおりである．名称の安定性と科学としての分類学は無関係であらねばならない．

4
化石の研究法

北海道雨龍郡沼田町に露出する鮮新統幌加尾白利加層
手前に大型のホタテガイ化石, *Fortipecten takahashii* の貝殻集積層が見える.

化石の研究は，露頭での化石の観察と採集から始まる．本章では，大型化石（貝類）と微化石（介形虫類）による古環境復元の研究例を紹介し，研究の取りつき方から完成に至るまでを詳しく解説した．これらの研究は特殊な器材や入手がむずかしい文献を持たない初心者でも比較的大きな成果を上げることのできる例である．私たちは化石を産出する地層と向かい合ったとき，まずはじめに何をすればよいのか．採集した化石はどのように処理し，どのように研究したらよいのか．研究する上でどのような知識が必要なのか．また，得られた成果をどのようにまとめ，発表したらよいのか．これらの疑問に答えるために，実際の研究例を基に研究の過程を具体的に説明する．

4.1 高鍋層（鮮新統）における貝化石の産状の研究

宮崎県中部の太平洋側に広がる平野部の地下には新第三紀の海に堆積した地層が広がっている．平野の北部，児湯郡川南町には太平洋に注ぐ平田川という小さな川が流れている（図 4.1）．平田川の河口から約 1500 m 上流には岩瀬橋という小さな橋がかかっている（図 4.1, 図 4.2 A）．この橋の直下には幅約

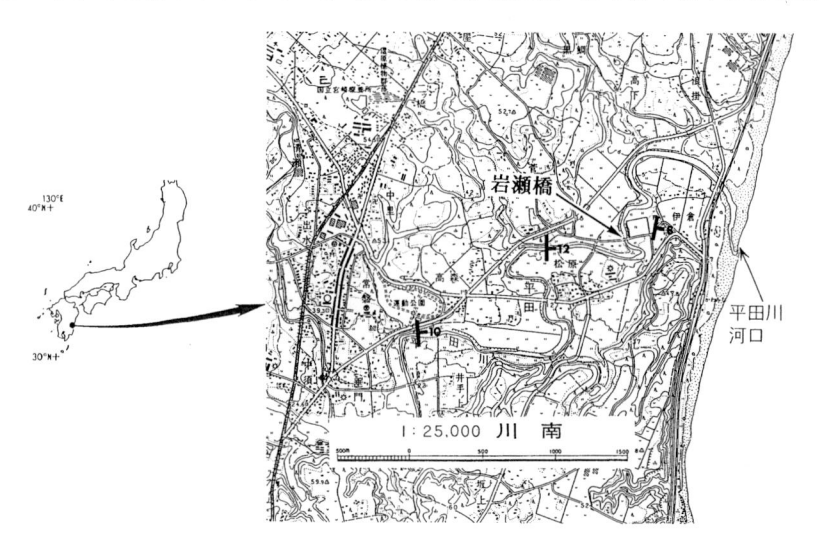

図 4.1 調査地点（岩瀬橋）位置図（国土地理院発行 1/25000「川南」を使用）

図 4.2 岩瀬橋（A）と岩瀬橋直下に露出する調査露頭（B）

5m，川に沿った長さ約 25m の露頭が，川を上流方向から下流方向に見たとき川の左側の岸に沿って露出している（図 4.2 B）．露頭の表面はほぼ水平で，よく見ると二枚貝や巻貝の化石が散在あるいは密集して露出している．ここでは，この露頭の貝化石の研究を例にとり，地層に秘められた過去の歴史を解き明かす具体的な研究手法を紹介する．なお，この研究例は著者（間嶋）と石本裕巳氏との共同研究（間嶋・石本，1995）の成果に基づいている．

4.1.1 露頭で何を観察すればよいのか

化石が産出する露頭を発見したとき，初心者が最も犯しやすい誤りは露頭の観察をしないで直ちに化石の採集を始めてしまうことである．あわてることはない．化石は生きた生物と違って自分から逃げたり隠れたりはしないので，まずゆっくりと露頭全体を丹念に調べることから始めよう．

この露頭には地層の層理面らしきものが見られない．どこを見ても砂っぽい泥からできている．地層の走向と傾斜（第 6 章・解説 1）はこの露頭からは測

れそうもない．地層の走向と傾斜を決定することは，化石の産状を観察する上できわめて重要なことである．なぜなら，水平な海底に生息する底生生物は自分の姿勢をまず重力の方向を基準にして決定するからである．また，生物が死んだ後，それらの遺骸が流される場合でも，遺骸の姿勢は重力の方向と側方への運搬営力の関係で決まる．そこで，この露頭の周辺を調査し，周囲の地層の状況からこの露頭の地層の走向と傾斜を推定することを試みた．調査露頭の上流を調査してみると露頭が点在し，そこでは地層の走向がほぼ南北で東へ10度から12度傾斜していた（図4.1）．また，この露頭の東にある道路脇の崖では走向がN 20°E，傾斜は東南東へ8度であった（図4.1）．これらの測定値から，この地域の地層は全体としてほぼ南北の走向を有し，東へ10度ほど傾斜しているらしいことが推定できた．したがって，岩瀬橋の下の露頭は露出面がほぼ水平なことから，層理面と約10度斜交した可能性のある面であると推定できる．すなわち，露頭面はほぼ堆積当時の海底面を見ていることになる．このように調査する露頭の走向と傾斜が不明な場合，周囲の地層の走向と傾斜からおおよその傾向を推定することができる．ただし，地層は隣接する場所と著しく異なった地質構造を示す場合があるので，調査対象となる露頭をよく観察し，周囲の地層から推定した走向・傾斜と露頭で調べられた事実とが矛盾しないことをよく確認しなくてはならない．

　化石を埋在している物質を基質（matrix）と呼ぶ．この露頭では砂質な泥岩，すなわち砂質泥岩（sandy mud）からなる（第6章・解説2）．基質はどのような情報を私たちに与えてくれるのだろうか．この露頭の基質の泥の占める割合（含泥率：mud content）を重量比で測定してみると，64.7%であった（第6章・解説3）．陸上の岩石が風化作用などによって細片化された砕屑物（clastics）は，その生産地からさまざまな営力によって最終的な堆積場まで運ばれる．この運搬の過程で分級（sorting）という粒度（grain size）の選り分け作用を受ける．これは，同じ密度の物質の場合でも，粒径の違いによって，同じ運搬営力下での挙動が異なるためである．弱い運搬営力では，細かい粒径のものだけが運ばれ，強い運搬営力では粗い粒径のものまで運ばれる．土石流（debris flow）などのように粒子相互が干渉しあい，分級が起こりにくい高密度の流れを除けば，砕屑物は運搬営力が弱くなるにしたがい，より細かい粒子

だけが運ばれるようになり，堆積物の分級が起こる．細かい砂や泥の粒子だけが運搬されるような運搬営力の弱い場所では，砂や泥が非常に薄い葉理(laminae)となって交互に積み重なった互層(alternation)を形成する場合が多い．したがって，この露頭に見られるような，砂と泥とが混じり合い，層理も葉理も見られず基質が均質な状態を示す塊状(massive)の地層は，堆積学的にみるときわめて異常なことなのである．しかし，多くの大型化石の産地では，塊状で層理が不明瞭な基質が普通に見られる．これはなぜなのだろうか．塊状の基質をもたらした原因は内生生物や外生生物が活動した結果なのである．これらの生物は堆積物の内部や表面を動き回り，水中の懸濁物を吸い込んだり（懸濁物食者），堆積物を直接食べたり（堆積物食者）する．特に堆積物食者は多くの排泄物を排出することによって堆積物を著しく均質化することが知られている．これらの大型生物以外にも，海底の表層には有孔虫や介形虫などの微小生物が多量に生息しており(meiobenthos)，海底の堆積物の表層部を常に攪拌している(Bromley, 1990)．このような生物による堆積物の均質化を生物擾乱(bioturbation)と呼ぶ．生物擾乱を行う生物は化石として残りやすい貝殻などの硬組織を持つものばかりではなく，ゴカイ類などのように化石には残りにくいものも多い．したがって，著しい生物擾乱が観察されても，体化石がまったく発見されないという例は珍しくない．実際，露頭をよく観察してみると，基質は完全に均質なわけではなく，多くのムラが見られる．特に層理面に垂直な露頭では砂の含有率が高い部分が帯状に見られることがあり，これは比較的厚い砂層部が他の部分と完全に均質化されなかった結果であると考えられている．また，ときには形成生物を特定できる生痕化石が見られることもある．

　一般的にいって，生物擾乱の著しい堆積物から散在的に産出した大型の底生生物化石は，その場所に生物が活動した証拠（生物擾乱）があり，分級を受けていない（化石が散在的に産出）ことから，長距離の死後移動(post-mortem transportation)を被っていないことが多い．一方，堆積構造がよく発達し，生物活動の痕跡がほとんど見られない地層中に密集して産出する化石は，その場所に大型の生物が生存していた証拠がない（生物擾乱がない）こと，また密集しているということは，堆積時に化石が礫として挙動し分級を受けたこ

とになるわけであるから，大きな死後移動を被っていることが多い．したがって，この露頭は著しい生物擾乱を被っていることから，堆積当時に生物活動が非常に活発であり，散在的に保存された貝化石はほぼその場所に生息していた個体である可能性が高いことになる．

4.1.2 化石の予察的観察

化石の観察は，まず露頭全体をくまなく見渡すことから始めなくてはならない．地層の観察に慣れていないと，どうしても化石が集中している場所に注意が行きがちであるが，まず，まんべんなく露頭全体を調べることが大切である．露頭の全体的な観察から次のことがわかった．

（1）化石がパッチ状に密集している部分があり，それらの化石は主に大型二枚貝の合弁個体と離弁個体からなっている．合弁個体の多くは殻を開いた状態であった．

（2）化石が密集したパッチとパッチの間には化石が散在して産出する．そこでは合弁の二枚貝の断面がいくつか見られ，殻を閉じた状態の個体も観察された．また，直径が5mmから1cmの筒状の化石が散在的に見られ，これらの筒は露頭面に垂直に埋まっているように見える．これらの筒の内側には2枚の薄い殻が向かい合って観察される個体があった（図4.3）．

この段階で，貝化石の専門家ならば，これらの化石を露頭上で同定し，種の生態上の知識から，この露頭のたどった歴史を復元するアイデアを頭の中に描き始めるかもしれない．しかし，ここでは露頭上での化石の同定が困難な場合を想定して

図4.3 露頭面に露出する筒状化石（コツツガイ）筒の内部に2枚の殻がみえる．

話を進める．専門家でも露頭の表面に現れた化石の断面だけから属や種のレベルの同定をすることはむずかしい場合が多い．

4.1.3 化石の予察的な採集

化石の同定とパッチ状に産出した化石密集部の詳細を調べるために，化石の予察的な採集を行う．化石密集部については，研究室に持ち帰ったときに貝殻の方位の復元ができるように，定方向サンプリングを行う．定方向サンプリングとは，採集物の上下，および東西南北の方向が復元できる採集法である．まず，密集部の採集に先立ち，採集する密集部（以下ブロック）の中央に北の方向を示す矢印を書く．前に述べたようにこの露頭の地層はほぼ水平で，露頭面もほぼ水平であるため，地層の傾斜は考慮する必要はない．ただし，露頭面が水平といっても，やはりある程度のデコボコはあるので，採集しようとするブロックの上面が水平でないときは，その面の走向と傾斜を計測し，走向と平行な線および傾斜の方向をブロック上に書いておく．この作業によって，ブロックの空間上の位置が決定できる．また，この方法を使えば地層の傾斜が大きなブロックの定方向採取も可能である．この場合，採取するブロックに層理面が含まれていないときは地層の走向と傾斜も合わせて記録しなくてはならない．地層の走向と傾斜を記録しておかないと堆積時の水平面の決定ができなくなるからである．これでブロック採集前の準備が整った．定方向サンプリングを行う理由は，含まれる化石の配列に方向性があった場合，それらの配列の傾向から化石が生息時の姿勢を保ったものなのかどうかを判断できたり，過去の堆積物の移動方向を貝殻の配列から推定できたりするからである．

比較的大きなブロックを採集するときは，化石の入っていない周囲の部分から化石密集部を囲むように掘り込み，最後にブロックをすくうように持ち上げて採集する．散在部の化石は，一個体ずつ個体の周りの基質部に十分余裕を持って，周囲をやや深めに掘り，基質ごと採集する．ブロックの採集と同様，北を示す矢印のマーキングを忘れてはならない．採集の際，化石の表面が露出するような採り方はできるだけ避けなくてはならない．どのような化石が採集できたかを知りたくて，化石の周りの基質を取ってしまう人がいるが，これは化石を壊す原因となる．特に泥質な堆積物中には薄い殻を持った化石が多く，こ

れらは堆積後の地層の圧縮によって間違いなく殻に割れ目が入っていると思わなくてはならない．このような薄い殻を持った化石は，基質を分離したとたんに殻がパラパラと剝げ落ちてしまう．化石が著しくもろい場合は，瞬間接着剤，白色の木工用ボンドを水で薄めた液，石膏などで補強する．小型の巻貝などはカメラのフィルムに附属してくるプラスチック製のフィルム容器にティッシュペーパーなどの柔らかい紙に包んで入れておくと輸送中に壊れにくくなる．容器の中に隙間ができたら紙を詰め，中で動かないようにしておく．もし柔らかい紙がないようなら容器に砂などを詰めてもよい．化石が容器の中で動かないようにしておくことが大事である．個々の化石を包んだ新聞紙や容器には必ず産地番号や採集の際の識別番号をマジックで記入する．硬い岩石なら標本に直に書いてもよい．1997年6月27日の第3番目の露頭の25番目と識別した標本なら970627-03-25のように書くとわかりやすい．また，この露頭であれば「岩瀬橋」のように，地名を上記の番号とともに書いておくと便利である．採集品が多い場合には内容物も簡単に書いておくと開封の際便利である．

　完全な化石の採集は最も経験と忍耐が必要な作業である．化石の産出状況から手持ちの採集用具（第6章・解説4）などが十分に揃っていないと判断した場合は，その日の採集を断念し，後日準備を整えた上で出直すくらいの心構えが必要である．化石は現生の生物と異なり，個体の数が通常きわめて少ない．採集しようとしている化石は，私たちの前に初めてその姿を現した種かもしれないのである．無理な採集をして化石を壊してしまえば，その生物はもう二度と私たちの前に姿を見せてくれないかもしれない．

　採集した化石は新聞紙などで数回くるみ，大きなものはガムテープで新聞紙が解けないように十字にしっかり巻いておくと，中のブロックが割れるのを防ぐ効果がある．採集した化石の運搬には自家用車を利用するのが一番である．完全に固結していない新第三紀の貝化石は，宅急便などで送ると壊れてしまう確率が高い．昔，鮮新世の貝化石を鉄道便でフィールドから大学に送ったことがあったが，到着した化石のほとんどが破片と化していた．やむをえず業者に依頼して送らなければならないときは，新聞紙にしっかりと包んだ化石を小さめのしっかりしたダンボール箱に隙間なく窮屈な程度に入れて梱包する．隙間ができたときは丸めた新聞紙などで，しっかり埋めておく．ダンボール箱が大

きかったり隙間があると，運送中の振動などで梱包物に片寄りが起き，その結果化石が動いてしまい，壊れる原因となる．

化石の採集後に，露頭全体の概略の見取図を作成し，採集した標本の位置を記入しておく．また露頭で気付いた点は何でも書いておくことが大事である．「憶えているようで忘れてしまう」，人間は忘れる動物である．

4.1.4　化石の整理

化石が到着したら，なるべく早く処理を開始しなくてはならない．採集した標本を送った状態のままで長い間放置しておくと，梱包物の内容や状態を忘れてしまい，開封時に化石を壊す原因となる．直ちにクリーニングなどの処理を行えない場合でも，化石の開封と整理だけは間を置かずに行うべきである．

開封した化石を広げて整理する大きめの箱を用意する．多くの大学の地学教室では「モロブタ」と称する木製またはプラスチック製の箱を使用している．パンなどを入れるプラスチック製の運搬箱でも代用できる．要は石などの重いものを入れても壊れたり変形したりしないものであればよい．もろく崩れやすい標本は，この箱の中に化石を包んできた新聞紙ごと置き，カッターで慎重に新聞紙を開封するとよい．小型の標本は綿やティッシュペーパーをひいた小さな紙箱や適当な大きさのケースに入れる．この際，新聞紙に書いてあった採集番号を別の紙に書いて標本に添えておくことを忘れてはならない．採集地点の地名や地層名を書いておけば完璧である．採集番号は採集者以外にはわからない私的な番号なので，標本を採集した人物がわからなくなると採集地不明標本になってしまう．採集データのない標本はただの石ころであり，どんなに見事な標本でも研究には使えない．実際，産地不明標本の多くは採集番号だけしかわからないものが大半である．直ちに研究を始める標本以外は，なるべく地名や地層名，そして産地に印を付した地図のコピーを添えておくと産地不明標本となってしまうことが避けられ

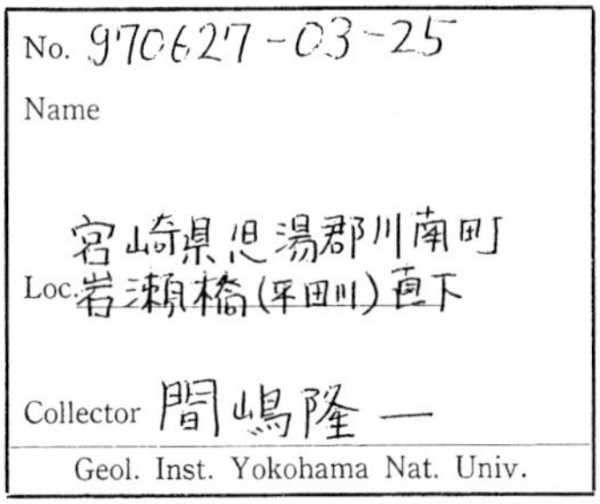
No. 970627-03-25
Name
Loc. 宮崎県児湯郡川南町 岩瀬橋(平田川)直下
Collector 間嶋隆一
Geol. Inst. Yokohama Nat. Univ.

図 4.4　データを記入したラベル
採集標本に添付すれば，産地不明標本となることが防げる．

る．採集品の多い露頭のサンプルを開封する場合は，図4.4のようなデータの入ったラベルを作り，必要数コピーして各標本に添えると記入の労力は軽減される．

　化石や生物などの自然史科学標本は数年というオーダーではなく，50年，100年というオーダーで管理を考えなくてはならない．特に日本のように開発が著しく進んだ地域では化石の採集が困難になってしまった産地も多く，これからも増えることが予想される．採集した標本はできるだけ第三者にも産出データが理解できる形で保管すべきである．化石のクリーニングについては，第6章・解説5を参照されたい．

4.1.5　化石の同定

　化石に付着した基質を取り除くクリーニング作業は化石の細部まで観察できる最良の機会である．クリーニングが済んだ時点で同定作業もほぼ終わっていなくてはならない．また，ある程度どんな形をした化石なのかを大まかな同定で確かめた上でクリーニングを進めないと，予期しない部分に突起状の装飾があったりして化石を壊すことにもなりかねない．新第三紀の貝化石は属レベルで現生種とほぼ重複するものが多いことから，現生の貝類図鑑を使って調べることが可能である．現生の貝類図鑑類は豊富に出回っているので購入したり，公共の図書館で調べたりできる．上に述べたように，クリーニングしながらの同定の作業が必要なので，汚れてもよい自分用の図鑑を購入すべきである．現生の図鑑で入手が容易なのは波部（1961），波部・小菅（1967），吉良（1959）などがある．色々な図鑑を持っていると，同じ種でも異なる標本が図示されているので，種の変異を知る上でも参考になる．

　化石の同定は現生標本の同定と異なり，不完全な標本に基づいて行わなくてはならないことが多い．正確な同定を期するためには現生標本を集め，貝殻の各部についての知識を日頃から蓄えておくべきである．ある程度の経験を積めば，露頭上のわずかな貝殻の露出からでも属の同定くらいはできるようになる．また，どうしても同定できない場合は，博物館や大学の研究室を訪ね同定を依頼するとよい．専門家がいれば，適切なアドバイスを貰えるはずである．また，現生の貝類は収集の対象となっているので，各地に貝類の同好会があ

4.1 高鍋層（鮮新統）における貝化石の産状の研究

る．初心者でも入会は歓迎されるはずなので会合などの折に質問するとよい．化石種であれば属のレベルまで，また現生種であれば種のレベルまで同定をしてもらえるはずである．成果を公表するのであれば，かならず専門家に自分の行った同定をチェックしてもらわなくてはならない．誤った同定は研究の結論をも覆しかねないからである．

露頭から採集した化石をクリーニングした結果，次の種が同定できた．

（1） ヌノメアカガイ（*Cuculaea labiata granulosa* Joans, 図4.5, 4.6）：

基質中に密集（図4.5 F）ないし散在していた大型二枚貝の大部分はヌノメアカガイであった．ヌノメアカガイ（Family Cuculaeidae, ヌノメアカガイ科）は一見アカガイの仲間（Family Arcidae, フネガイ科；genus *Scapharca*, サルボウガイ属）のように見えるが，科のレベルで異なっている．本種は，殻の表面に明瞭な放射状の肋がなく，また歯の様式もアカガイの仲間とは異なる．実は，ヌノメアカガイの仲間は中生代に繁栄したグループで，現生種

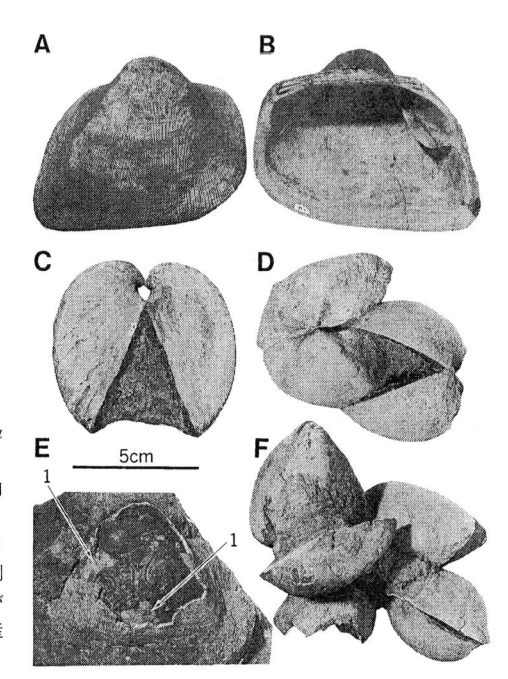

図 4.5 ヌノメアカガイ（*Cucullaea labiata granulosa*）化石
A：殻の外面，B：Aの個体の殻の内面，C：殻を開いた状態の個体，D：殻を開いた状態で，互いにかみ合わさって産出した個体，E：殻の一部が剥がれた個体（殻の内面に付着性生物がみえる），F：密集してパッチ状に産出した個体．矢印1はこけ虫の化石．

が少なく,その意味では「生きた化石」といえる.ヌノメアカガイの生態はよくわかっていないが,アカガイの仲間と同様の生態をしていたとすると,堆積物の中に殻の大半を埋没させ,殻の最後部だけを底質から露出させて呼吸したり栄養分を摂取していると思われる.本種の個体の多くは殻を開いた合弁の状態で産出した(図4.5C).採集したブロックをクリーニングしてみたが露頭で観察した結果と同様,殻の方位(並び方)に規則性は見られなかった.ヌノメアカガイをクリーニングをしている最中に妙なことに気づいた.殻の表面に付着した基質を除去していると,何かにひっかかるのである.どうも殻の表面に付着しているものがあるようだ.よく見てみると管状の物質などが,かなりの密度で付着しているようである.殻と基質がきれいに分離した面を見てみると(図4.6 A, Bの矢印1と1′,2と2′,3と3′),螺旋状に巻いた石灰質の管

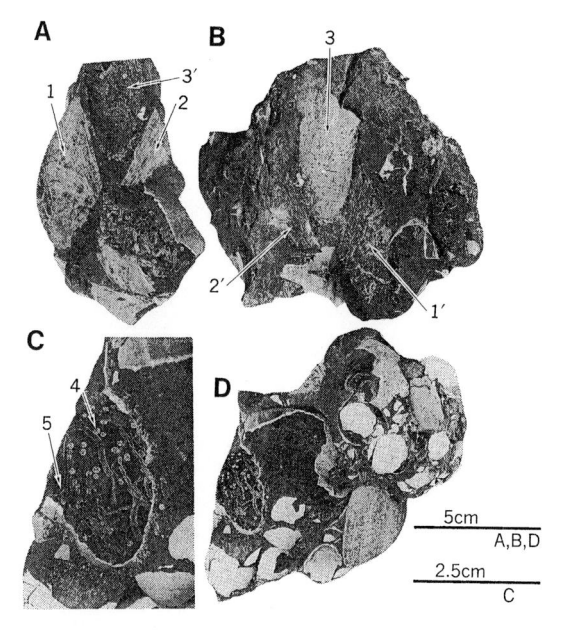

図 4.6 ヌノメアカガイ化石の殻外面と内面に付着した管状化石
固結した岩石を割ると貝殻の表面に付着した管状の化石が基質側に残り,観察が容易になる.矢印1′, 2′, 3′は矢印1, 2, 3の殻の外面の剝がれた面.矢印4と5は多毛類の棲管化石.CはDの拡大図.

(図 4.6 C の矢印 4)，それよりも太く，殻の表面を縦横に走る管（図 4.6 C の矢印 5），網目状の被覆（図 4.5 の矢印 1）が観察された．これらの付着物は殻の外面（図 4.6 の矢印 1′，2′，3′）だけでなく殻の内面（図 4.5 E，4.6 C）にも多量に観察された．これらの付着物は貝が生きているときや死んだ後，海水に露出した殻の部分に付着する多毛類の棲管や苔虫の化石である．付着物には小型のフジツボなども見られた．

（2） コヅツガイ（*Eufistulana grandis* (Deshayes)，図 4.7）： 露頭に散在的に発見された円状の断面を持つ石灰質の筒はコヅツガイに同定された．コヅツガイは円筒状の筒を持ち，筒の前端が閉じて後端が開き，前部の筒の中に 2 枚の殻を持つ特異な二枚貝である（図 4.8）．したがって，露頭で筒の中に 2 枚の貝殻が観察された個体は（図 4.3），コヅツガイの筒の前部の断面を見ていたことになる．コヅツガイは殻の前部（閉じた側）を下にした状態で堆積物に埋没し，筒を垂直に立てて底質に埋まって生活する（図 4.8）．また，筒の後部（開いた側）を底質から露出させ，そこから呼吸したり栄養分を取り込む．成長するときは，筒の最下部を溶かして新たな殻を形成し，下方に向けて殻を付加しながら成長することが知られている．成長方向に貝殻のような石灰質の物質があると，これも一緒に溶かして成長する（Savazzi，1982）．大きなものであれば，穴を開けて貫通してしまう．露頭から採集したヌノメアカガイには，コヅツガイによって穴を開けられた標本があった（図 4.9）．コヅツガイは長い筒を堆積物に杭のように深く埋め，それによって波などの営力から殻の向きを変えら

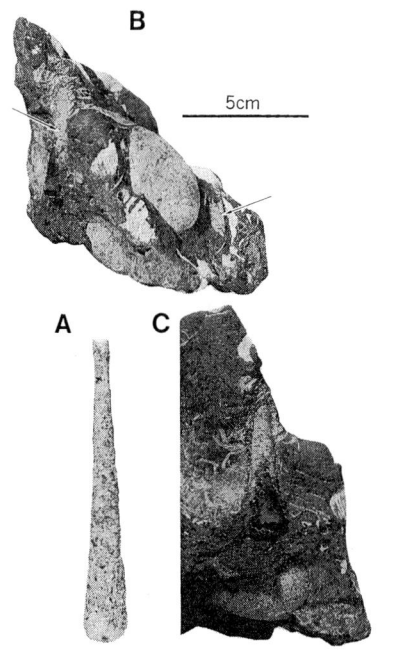

図 4.7 コヅツガイ（*Eufistulana grandis*）の現生標本（A）と露頭から産出した化石（B，C）
B の矢印はコヅツガイの位置を示す．

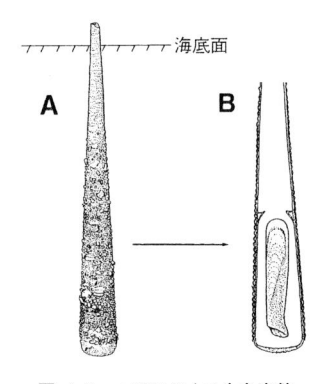

図 4.8 コヅツガイの生息姿勢と筒の断面(波部,1977, pl. 60, figs. 10, 11 を改作)

コヅツガイは筒の大半を底質に埋め,海底面に垂直に立って生息する(A).コヅツガイの筒の前部には2枚の殻が入っている(B).

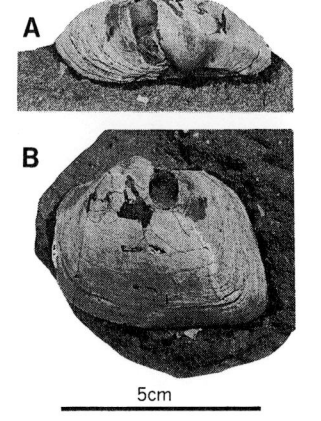

図 4.9 コヅツガイによって穴を開けられたヌノメアカガイ

A:横からみた穴,B:上からみた穴.穴の内部(A)にはコヅツガイの筒の中にある2枚の殻が見える.

れるのを防ぐように生活している.その代償として,能動的に動く機能をほぼ完全に消失したと考えられている.したがって,本種は長い筒を深く埋めることによって受動的に生息姿勢を保持しているといえる.露頭で観察したとき,本種の筒は層理面(この場合,露頭面)に対してほぼ垂直に埋まっているように見えた.したがって,露頭のコヅツガイは生息姿勢をそのまま保持した自生化石である可能性が高い.本種の殻の表面にはヌノメアカガイで見られたような付着生物の化石は観察されなかった.

(3) ナミガイ (*Panopea japonica* Adams, 図 4.10 C, D, E): 合弁の殻を閉じた大型二枚貝の一つはナミガイに同定できた.本種は底質中に深く潜って生活する深潜没性種で,殻を閉じても殻の前部と後部は開いたままになっている.この開いた殻の部分から,縮んでも殻の中に収まりきらない長い水管を堆積物の表面に出して生活する.このように底質中に深く潜る深潜没性の二枚貝には殻の前部や後部が完全に閉じない種類が多い (Watters, 1993).本種を底質から掘り出してしまうと,再び底質中に自力で潜ることができないことが

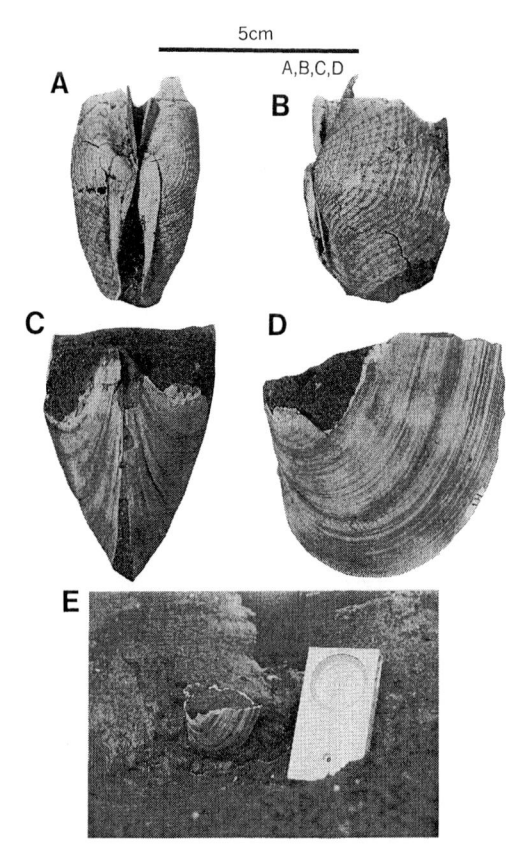

4.1 高鍋層（鮮新統）における貝化石の産状の研究

図 4.10 ウミタケガイ（A, B：*Barnea dilatata*）と
ナミガイ（C, D, E：*Panopea japonica*）
E はナミガイの露頭での産状を示す．この 2 種は生息
姿勢を保ったまま産出した．

知られている (Stanley, 1970). このように深く潜ることによって，受動的に生息姿勢を保つ生き方はコヅツガイと非常によく似る．露頭で発見された本種は殻の前端を下にした生息時の姿勢を保っていた（図 4.10 E）．コヅツガイと同様，殻の表面には付着生物の化石は見つからなかった．

（4）ウミタケガイ（*Barnea dilatata* (Souleyet), 図 4.10 A, B）： ナミガイと同じ深潜没性の二枚貝である．本種は有明海に多産し，食用となる．図 4.11 に有明海でのウミタケガイの採集方法を示した．有明海の漁師は T 字型

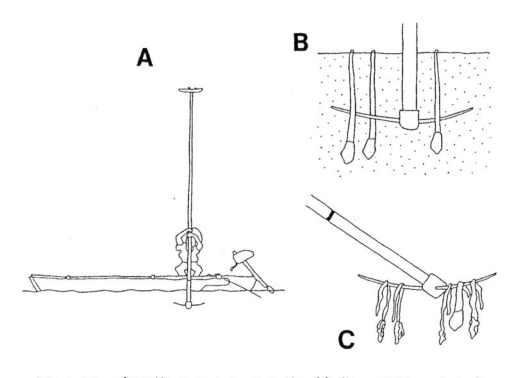

図4.11 有明海でのウミタケ漁（魚住，1974, pl.1を改作）
漁師はT字型の採集用具を底質に挿し（A），それをウミタケガイの水管にからめて（B），引き上げる（C）．

の採集道具を底質に突っ込み，これをウミタケガイの長い水管に絡めて引き上げる．

本種はナミガイと亜目のレベルで異なるが，深く底質に潜り受動的に生息姿勢を保っているという点できわめてよく似た特徴を有している．すなわち，殻が閉じても開いたままの後端部，縮んでも殻に収まりきらない長い水管，掘り出されると自力では再び底質に潜ることができないなどである．露頭で採集した標本はナミガイと同様，生息姿勢を保持していた．また，殻の表面に付着生物の化石は観察されなかった．

以上の4種の産状が，この露頭の地層が経た歴史を解釈する上での鍵となった．この露頭からは，他に26種の貝化石が同定された（表4.1）．

4.1.6 露頭の詳細な調査

予備調査の結果に基づき，詳細な露頭観察を行う．今回の調査では，露頭で行うべきことがかなり明確になっていなくてはならない．以下に調査項目とその目的を上げる．

1) コヅツガイの殻（筒）の方位の測定

前回の調査により，コヅツガイは露頭面にほぼ垂直に立った状態で産出しているらしいことが予測された．そこで，露頭のコヅツガイの分布と筒の方位を客観的に示す調査を行う．まず，露頭を50cm四方に区切り，コヅツガイの分布状態を調べる．また，確認したコヅツガイの筒の方位を測定する．

コヅツガイの分布を調べるために露頭を四角の枠に区分する．初めに露頭上で基準となる基線を決める．露頭はほぼ水平なので基線は南北や東西の方向にとるとよい．枠の区切りには凧糸などを張って行う．凧糸は露頭に打ち込んだ

4.1 高鍋層（鮮新統）における貝化石の産状の研究

表 4.1 露頭から産出した貝化石のリスト（産出頻度は，多産（10個体以上産出），普通（5～10個体産出），少産（2～4個体産出），稀産（1個体産出）と表示した）

	種　　名	産出頻度	特記事項
腹足綱　GASTROPODA			
エビスガイの仲間	*Tristichotochus* sp.	少産	
キヌガサガイ	*Onustus exutus*（Reeve）	稀産	
カケガワツメタガイ	*Glossaulax hagenoshitensis*（Shuto）	普通	化石種
ヒュウガツメタガイ	*Glossaulax hyugensis*（Shuto）	普通	化石種
ヒメツメタガイ	*Glossaulax vesicalis*（Philippi）	稀産	
ヤツシロガイ	*Tonna luteostoma*（Küster）	稀産	
ナガニシ	*Fusinus perplexus*（Adams）	少産	
イトカケツクシの仲間	*Costellaria* sp.	稀産	
コロモガイ	*Sydaphera spengleriana*（Deshayes）	稀産	
ハシナガイグチ	*Nihonia mirablis*（Sowerby）	稀産	
和名なし	*Nihonia soyomaruae takanabensis*（Otuka）	稀産	化石亜種
斧足綱　PELECYPODA			
ゴルドンソデガイ	*Saccella gordonis*（Yokoyama）	稀産	
サトウガイ	*Scapharca satowi*（Dunker）	普通	
ヌノメアカガイ	*Cucullaea labiata granulosa* Joans	多産	
タマキガイの仲間	*Glycymeris* sp.	普通	
ヒヨクガイ	*Cryptopecten vesiculosus*（Dunker）	稀産	
トウキョウホタテ	*Patinopecten tokyoensis*（Tokunaga）	少産	化石種
カキの仲間	*Ostrea* sp.	稀産	
ダイニチフミガイ	*Megacardita panda*（Yokoyama）	少産	化石種
トリガイ	*Fulvia mutica*（Reeve）	普通	
アコヤザクラガイ	*Merisca*（*Pistris*）*margatina*（Lamarck）	少産	
キヌタアゲマキ	*Solecurtus divaricatus*（Lischke）	稀産	
マツヤマワスレ	*Callista chinensis*（Holten）	稀産	
フスマガイ	*Clementia vatheleti* Mabille	稀産	
カガミガイ	*Dosinorbis japonicus*（Reeve）	少産	
スダレガイの仲間	*Pahia* sp.	稀産	
ビノスガイモドキ	*Venus foveolata*（Sowerby）	稀産	
ナミガイ	*Panopea japonica* Adams	稀産	
コヅツガイ	*Eufistulana grandis*（Deshayes）	多産	
ウミタケガイ	*Barnea*（*Umitakea*）*dilatata*（Souleyet）	稀産	

五寸釘に結び，糸がピンと張るようにする．このようにして50cm間隔の枠を凧糸で決定していく．次に方眼紙を用意し，適当な縮尺になるように四角の枠を方眼紙上に作る．この際，枠に番号を振り，露頭の枠と方眼紙上の枠を対応させる．露頭上のコヅツガイの位置をこの方眼紙上の枠に写していく．露頭上の各枠を一つずつ舐めるように観察し，コヅツガイを探す．コヅツガイを発

見したら，筒がどの方向を向いているかがわかるまで掘り込み，その方位を測定する（第6章・解説6）．同時に筒の上下関係も調べる．コヅツガイは後方に向かって（上に向かって）細くなる筒を有するので（図4.8），この関係から筒の前後を判定することができる．後でどの個体を測定したかがわかるようにコヅツガイ一つ一つに番号を振り，方眼紙の枠に各個体の番号，位置，測定した筒の方位，筒の前後の向きを書き込んでいく．このようにして作成した露頭上のコヅツガイの分布図を図4.12に示した．また，筒の方位をステレオネット（第6章・解説7）に投影したものを図4.13に示した．コヅツガイは，疎密こそあるものの露頭上に散在して産出し（図4.12），また，筒は露頭面に対してほぼ垂直の方向を向いていることがわかった（図4.13）．筒の前後を調べることができた個体は，いずれも後方を上にして，すなわち，生息時の状態で保存されていることもわかった．これらの産状を最も合理的に説明するのは，この露頭のコヅツガイは，筒を垂直にした通常の生息時のままの状態で死亡し，死後もそのままの状態で化石化したと考えることである．さらに，コヅツガイが，ほとんど同じ層準から産出することから，これらのコヅツガイは同一の原因によって，ほぼ同時期に死んだと考えるのが妥当なように思える．

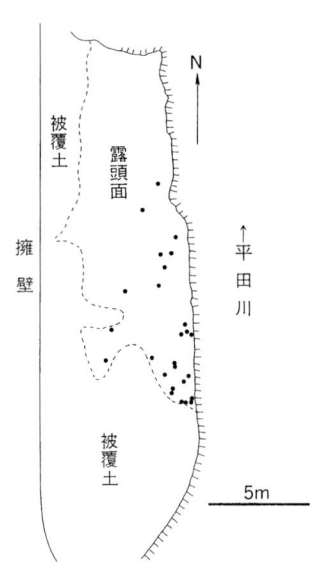

図4.12 コヅツガイ化石の露頭面上の分布（黒丸）

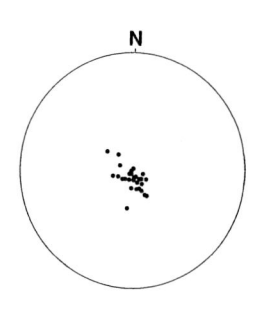

図4.13 コヅツガイ化石の筒の方位 ウルフネット，下半球投影．N=29．

2) 露頭の詳細なスケッチ

化石の産状を視覚的に示すために，露頭の一部について詳細なスケッチを行う．コヅツガイの分布を調べたときに使用した枠の中から代表的な産状を示す枠を一つ選び，詳細なスケッチを行う．スケッチした結果を図4.14に示した．

3) 含泥率の測定（第6章・解説3）

　露頭の基質は砂質泥岩からなる．前にも述べたように基質は生物攪乱を被っているので，堆積した直後とは異なる岩相を示すと推定できる．この基質中に，どの程度泥分が含まれているかを客観的に示すために含泥率測定用のサンプルを採取する．採取する試料は大型化石を含まない部分を選び，拳大ほどのサンプルを採取するようにする．なお，試料は化石をクリーニングした際，分離させた基質でも可能である．採取した試料の含泥率は64.7%だった．

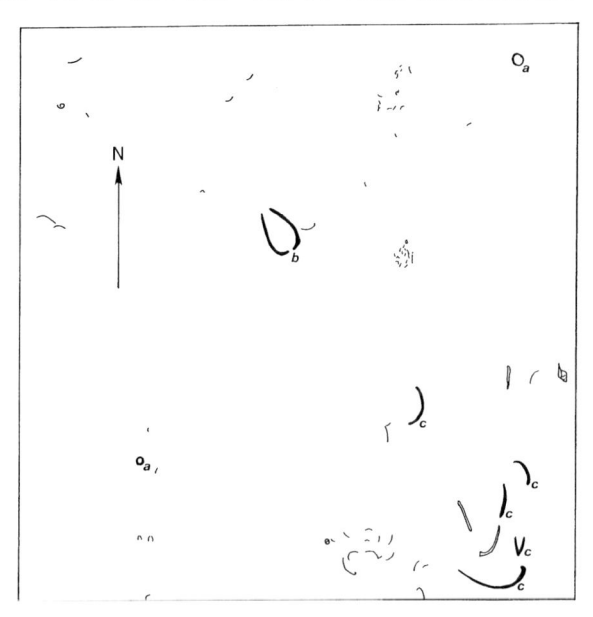

図 4.14　50 cm 四方の調査枠の露頭スケッチ
この枠の中にはコヅツガイ（a：生息姿勢を保持），ナミガイ（b：合弁，生息姿勢を保持），ヌノメアカガイ（c：離弁ないし合弁）が産出する．

4) 化石の産状写真の撮影

　化石の産状の写真撮影を行う．写真は露頭の記録とともに，論文に化石の産状を写真により掲載するために行う．カメラは接写が可能なマクロレンズ付きの一眼レフカメラ（露出計内蔵）がよい．化石の産状を撮影するためには接写が可能なマクロレンズは必須である．露頭での作業の合間に撮影を行うことが多いため，カメラはすぐに汚れ，砂粒などがカメラ各部に入り込むので注意しなくてはならない．これまでカメラを修理に出したことが2度あるが，いずれも砂がカメラの中に入っていたことが原因であった．

　昼間であってもフラッシュがあると，都合のよいことが多い．日蔭は接写を行う場合，予想以上に光量が不足する．また，木があると撮影対象が木陰にな

ることが多く，木陰の洩れ日は撮影に非常にやっかいである．フラッシュを用いるとこのような問題も解決できる．フィルムは目的によって，カラーリバーサル，カラーネガ，白黒のフィルムを選択して使用するが，カラーネガ用フィルムが手軽さと入手の容易さから使いやすい．プリント用のネガフィルムは写真店に頼めばネガから容易にスライドを作成でき，また，カラーネガ用の白黒印画紙（オルソ印画紙）を用いれば鮮明な白黒印画を得ることも容易である．フィールドでの写真技法については多くの本が出版されているので参照されたい．

撮影に際しては，必ず大きさの目安となるスケールを写真に入れなくてはならない．硬貨，鉛筆，物差しなど，人によってスケールにするものはさまざまであるが，焼きつけた際，細かい部分は大抵とんで見えなくなってしまうので，全体の長さや直径のわかるものがよいだろう．

5）化石の産出頻度の測定と採集

各枠ごとに化石を同定し，種ごとの個体数を記録していく．必要があれば露頭上で化石をクリーニングし，同定を行う．前回の調査で採集できなかった種類が産出したり，同定が困難な標本は採集を行い，持ち帰って正確な同定を行う．露頭上の化石を同定したり採集する際は，産状に十分注意を払い，気づいたことがあれば記録しておくことを忘れてはならない．

二枚貝の合弁個体と離弁個体は分けて個体数を数える．これは合弁率（合弁と離弁の個体の総数のうち，合弁個体の占める割合）を算出するとき必要となる．

4.1.7 貝化石の産状の評価

実際の研究では，すべてのデータが揃ってから考察を開始する訳ではない．露頭での調査や化石のクリーニングなどの際，常に頭の中で露頭の現象を矛盾なく説明できる仮説を考え続けているのである．これまで紹介してきた調査により，ヌノメアカガイ，コツツガイ，ウミタケガイ，ナミガイの4種を用いて堆積時に起きた出来事をある程度再現することが可能であるとの見通しが立った．これら4種を使用する理由は，以下に述べるように，化石の産状と種の生態から判断して，死んだ原因と，化石として保存される埋積時までの過程を比

4.1 高鍋層（鮮新統）における貝化石の産状の研究

較的単純に推論できるからである．

　ヌノメアカガイは産出個体数が多く，合弁の個体も多く産出した．本種の標本には殻の内面と外面にほぼ例外なく付着生物化石が観察された．合弁個体が多いということは，死後あまり大きな，あるいは長期の物理的擾乱を受けていないことを示している．一方，殻の外面と内面に付着生物化石が観察されたということは，死後堆積物中から掘り出され，堆積物の表面で直に海水にさらされていたことを示している．この矛盾するような二つの現象は化石の埋積過程を推定する上で大きな手がかりになる．すなわち，ヌノメアカガイは死後海底表面に殻全体が露出するような物理的擾乱は受けたが，それは合弁個体を離弁にしてしまうほど長期あるいは強いものではなかったことになる．

　コツツガイ，ナミガイ，ウミタケガイの3種は，能動的に動く能力をほとんど失っているという共通点がある．これらの貝類は能動的に動く能力を失った代償として，殻を杭のように堆積物に突き立てたり，堆積物中に深く潜没したりして，自らの生息姿勢を保っている．つまり，殻の形態や種の生態自体が死後生きたままの状態で保存されやすい特徴を有しているのである．これらの二枚貝化石は露頭上で生息姿勢を保ったまま産出することが観察された．したがって，3種は生息姿勢を保ったまま死亡し，そのまま化石として保存されたと推定できる．

　一方，産出個体数が多くても自ら能動的に動ける種や産出状態に共通性が見られない種は，それらの死因と埋積過程を考察することが容易ではない．多くの能動的に動ける二枚貝は浅潜没性である．堆積物の表層近くに住んでいるということは物理的擾乱によって簡単に生息姿勢が乱されてしまうことを意味している．たとえ，通常の生息姿

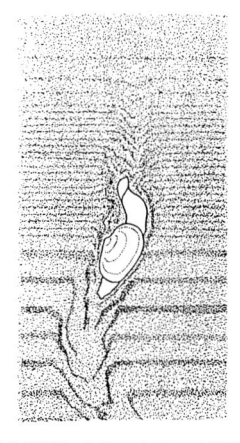

図 4.15 急激な堆積により，上方への逃避行動を起こした二枚貝（Bromley, 1990, fig. 5.8.e を改作）逃避行動の際，殻の前方にある足を移動方向（上方）に向けるので，通常の生息姿勢（殻の前が下側）とは殻の方向が逆になる．

勢を保ったまま一気に埋められたとしても，能動的に移動が可能なことから逃避行動（escape reaction）を起こすことが知られている（図4.15）．逃避行動を起こすと，足のある前側を上にして上方に移動しようとするので，通常の生息姿勢とは逆の姿勢になる．したがって，能動的に動くことができる二枚貝が生息姿勢を保ったまま化石として保存されるということは，寿命による自然死などを考えないと，ありそうもないのである．能動的に動く浅潜没性の二枚貝が物理的擾乱によって死亡し，そのまま保存された場合は，殻をしっかり閉めた個体がばらばらに配列しているか，逃避行動の最中に死亡した個体がそのまま保存されるか，あるいは，その両方が観察されると想像できる（平野・小竹，1994）．

露頭での産出状態に共通性のない種について考察してみよう．同一種の一部の個体が生息姿勢を示した状態で保存されているように見えても，それが本当に死後ほとんど再移動を被らなかった結果なのか，あるいは死後生物擾乱によって本来ランダムに並んでいた個体のいくつかが，偶然生息姿勢に近い位置まで動かされたのかを判断することはむずかしく，確実なことはいえない場合が多い．

採集したヌノメアカガイのほとんどすべての個体には，殻の内面に付着生物の化石が観察された．この事実は，ヌノメアカガイが死んだ後，殻の内面にあった軟体が失われ，なおかつ殻が海底の表層に洗い出されないと説明ができない．したがって，たまたま生息姿勢を示す合弁個体が発見されたとしても，それは死後の再移動の偶然の結果であると推定できるのである．

コヅツガイは露頭から発見された29個体のすべてがほぼ生息姿勢を保って産出した．ランダムに並んでいたものがランダムな作用によって，生息姿勢のような決まった位置をすべての個体が偶然獲得する確率は，著しく低いと思われる．したがって露頭のコヅツガイは生息姿勢を保ったまま化石化したと考えるのが合理的だと判断できる．しかもコヅツガイは能動的に動くことができないので，生息姿勢を乱さないような要因（堆積物の付加による窒息死など）で死亡したなら，この産出姿勢を合理的に説明できる．

ナミガイとウミタケガイは，深潜没者であるから，もともと動かされにくい場所に生息していたことになる．この2種が死後一度洗い出され，再び生息姿

勢を示す状態に偶然埋め戻されたと考えるのは不自然である．コヅツガイ同様，生息姿勢を保ったまま死亡し，そのまま化石化したと考えた方が自然である．

4.1.8 考　　察

　上記4種の二枚貝は同一の層準（ほぼ水平な地層が露出したほぼ水平な露頭面）から産出した．同一の層準から産出した化石は通常同一の時間に生息していたと考えられている．もし，この前提で化石の産状を解釈するとどのような矛盾が生じ，またその矛盾を回避するためにはどのような前提を考えなくてはならないだろうか．まず，この点を考察してみよう．

（1）　ヌノメアカガイとコヅツガイは海底面に貝殻の一部を露出させて生息している．したがって，両種の海底面からの潜没深度は重複していたはずである．ところが，ヌノメアカガイは明らかに一度海底面に洗い出され，殻の内面と外面に他の生物が付着し，その後もう一度堆積物中に埋積したことが産状から推定された．もし，ヌノメアカガイが生きていたとき，コヅツガイが同じ場所に生きていたなら，コヅツガイもヌノメアカガイと同様な洗い出しを経て埋積したはずである．ところが，コヅツガイは生息姿勢を保ったまま化石化している．この両種の産状を合理的に説明するには，ヌノメアカガイが死後海底面上に洗い出され，再び埋積した後にコヅツガイが生息するようになったと考えればよいことになる．この関係はコヅツガイに穴を開けられたヌノメアカガイが存在することによって強く支持される（図4.9）．

（2）　コヅツガイ，ウミタケガイ，ナミガイの3種はいずれも生息姿勢を保持したまま保存されている．したがって，これら3種は同時に共存していても矛盾がないように思われる．しかし，生息時の潜没深度がまったく異なる種が，同じ層準から産出したことが問題となる．コヅツガイは海底面に筒の後端を出して生活している（図4.8）．したがって，コヅツガイが生息できる潜没深度に3種が同時に生息していたとすると，ウミタケガイとナミガイもまた表層近くで生息していなくてはならなくなる．つまりウミタケガイとナミガイはその著しく長い水管をほとんど海底面に露出した状態，つまり彼らにしては異常に浅い潜没深度で生活していたことになってしまうのである．一方，ウミタ

ケガイとナミガイが彼らの正常な潜没深度で生活していたとすると，この深さではコヅツガイの殻のすべてが堆積物に埋まってしまい，殻の上端の開孔部は堆積物で塞がれてしまったはずである．これではコヅツガイは生きていることはできない．したがって，化石の産状からウミタケガイとナミガイは共存可能であるが，コヅツガイだけは共存できないことになる．以上の考察からコヅツガイとウミタケガイ・ナミガイは，海底面が異なった位置にあったとき，すなわち，異なった時間に生息していたと考えるのが妥当である．

4.1.9 モデル（仮説）

以上の観察事項と考察から，露頭の地層が堆積時にたどった歴史をモデル（仮説）として復元してみよう（図4.16）．

（1） 泥質砂の海底にヌノメアカガイが多数生息していた（図4.16 A）．

（2） あるとき，この海域は大きな嵐などに見舞われ，波浪作用により海底の表層部は著しく攪拌された．その影響でヌノメアカガイが大量死し，その遺骸は海底面に洗い出された（図4.16 B）．

（3） 嵐が去った後，再び静かになった海底では多毛類，苔虫，フジツボなどがヌノメアカガイの遺骸殻の外面や内面に多数付着した（図4.16 C）．

（4） 海底面に影響を及ぼすような嵐の波浪が再び海底面を攪拌し，表層にあった遺骸殻などを堆積物中に埋めた（図4.16 D）．ヌノメアカガイの多くの個体が合弁のままであったことから，前回の嵐と今回の嵐の間に別の大きな嵐があって，殻を著しく動かしたり，また，これら二つの嵐の間に長い時間的隔たりが存在したことはなかったと想像される．

（5） 再び海底には静穏な時期が訪れ，コヅツガイが多数生息するようになった．コヅツガイは殻を前方（下方）に成長させ，その一部は堆積物中に埋没していたヌノメアカガイの死殻を溶かして穴をあけ，成長を続けた（図4.16 E）．

（6） 嵐あるいは地震などの影響によって多量の堆積物が流入し，コヅツガイを埋めて厚く堆積した（図4.16 F）．能動的に動けないコヅツガイは窒息によって大量死し，生息姿勢を保ったまま埋積された．このとき，コヅツガイと一緒にいた能動的に動ける種は，上方に逃避行動を起こし，この層準から姿を消したかもしれない．

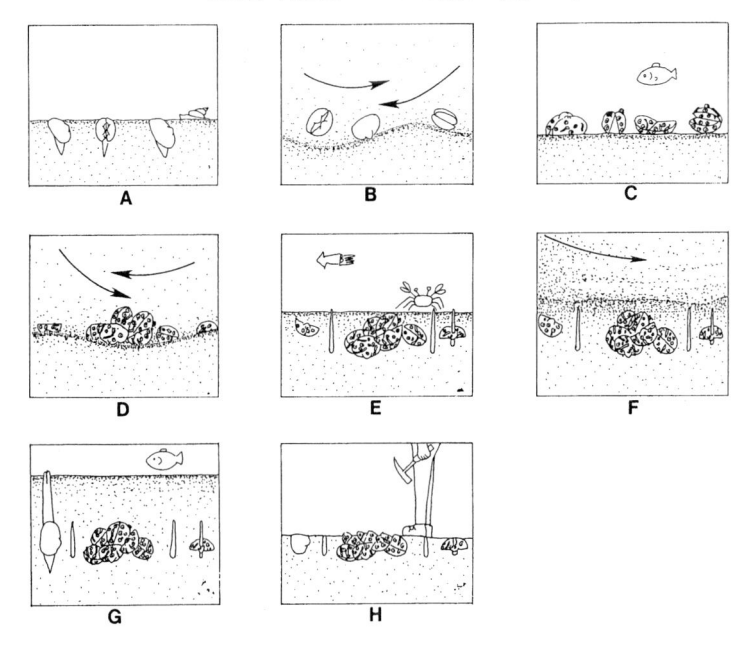

図 4.16 露頭の貝化石の産状から過去に起こった出来事を推定した概念図

(7) 再び静穏な時期が訪れ，海底表層で生物活動が始まった．生物の中には深潜没性のウミタケガイとナミガイがいて，海底面から深く潜没して生息した．彼らが潜没した深度には，かってこの場所に生息していた，ヌノメアカガイやコヅツガイの遺骸殻があった（図 4.16 G）．

以上のように考えれば，この露頭から産出する 4 種の貝化石の産状は合理的に説明できる（図 4.16 H）．ただし，これ以外のモデルも想定できないわけではない．たとえば，コヅツガイ，ナミガイ，ウミタケガイの 3 種の関係を考えてみよう．ナミガイとウミタケガイが先に生息していて，この 2 種の死後，海底の表層が削られ，彼らの死骸が海底面近くに位置するようになり，その後コヅツガイが生息したと考えることも可能である．しかし，後者のモデルでは海底が深潜没者の生息している深さまで侵食されたままだったり，再び埋まったりという複雑な堆積プロセスを考えなくてはならなくなる．モデルは複雑になればなるほど，もっともらしさが失われるので，できるだけ単純なものの方がよい．

この露頭から産出するヌノメアカガイ，コヅツガイ，ナミガイ，ウミタケガイ以外の貝化石は，上でモデル化したうちのいずれかの段階，あるいはそれ以前の段階に生息していたと仮定することが可能である．しかし，これらの化石の産出をここに示したモデルの各段階に当てはめて考察しても，モデルが複雑になるばかりでモデルの信頼性が増すことにはならない．他の化石の産状が，得られた最も単純なモデルに矛盾しない限り，あまり細かい考察は意味がないことが多い．

4.1.10 堆積環境

露頭から採集された貝化石のうち，現生種の生息深度（堆積物中の潜没深度ではなく水深）を軟体動物の図鑑や目録から調べて，地層の堆積した深度の推定を試みた．日本産現生貝類の図鑑や目録には個々の種の地理的分布や生息深度の情報が記載されており，地層の堆積深度などを貝化石から推定する際，参考になる．しかし，第2章で述べたように，これらのデータは出所が明確でないことが多く，この点をわきまえた上で使用しなくてはならない．現生貝類を実際に採取したときの深度データが記録されている論文を調べれば，確実な生息深度を知ることができるが，これらのデータは地理的に限られた範囲のものであるため生息深度に幅がなく，種の生息深度の上限と下限についてはわからない．また，地理的分布が著しく広い種では，高緯度で浅く，低緯度で深い生息深度を示す種があり，これらの種を古水深の推定に使用する場合は，堆積当時の古気候を知らないと生息深度を議論できないことがある．いずれにしろ現生種の正確な生息深度については今後のデータの蓄積を待たねばならない．現生貝類の生息深度分布にはこのような問題があるため，個々の種につき多くの文献を調べ，記載されていた種の生息深度の最も深いものと最の浅いものをつなげて記入したのが図4.17である．図4.17で，一部の種の生息深度は他の種と重複しないが，原因が文献のデータが不完全なためか，異なる深度から死後の移動を被った個体があるためか，あるいは露頭の堆積深度が時間的に変化したためであるのかは不明である．図4.17から，露頭から産出した種は約20mから50mの深度範囲で最も多くの種が共存可能となることがわかる．したがって，露頭の砂質泥岩は水深20mから50mほどの深さで堆積した可能性が

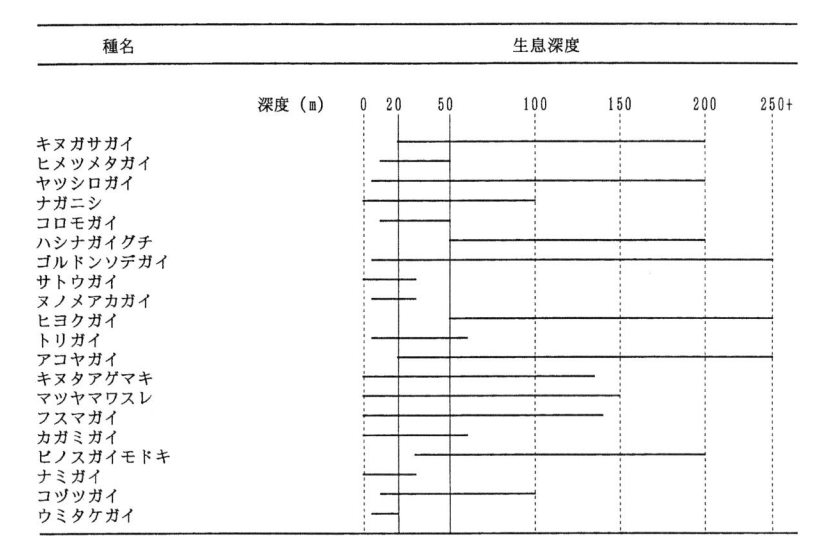

4.1 高鍋層（鮮新統）における貝化石の産状の研究

図 4.17 露頭から産出した貝化石のうち，現生種の生息深度範囲を示す
深度 20 m から 50 m の区間をとると全種の生息深度が重複する．データは波部 (1977)，波部・小菅 (1967)，肥後・後藤 (1993)，奥谷・波部 (1975 a, 1975 b) による．

高いと推定できた．

外洋に面した世界の陸棚堆積物の 80％ は主に暴風作用の影響によって形成されている (Walker, 1984)．これを暴風型陸棚 (storm dominated shelf) と呼ぶ．暴風作用とは，日本でいえば台風のようなもので，強い風，高潮，大量の降雨，著しく激しい波浪作用などによって特徴づけられる．陸棚堆積物が暴風によってどのように形成されるのかを以下に概説する．

暴風型陸棚には，ある水深を境にして堆積作用が大きく異なる二つの基準深度が存在する（図 4.18）．一つは静穏時波浪作用限界水深 (fairweather wave base) で，もう一つは暴風時波浪作用限界水深 (storm wave base) である．静穏時波浪作用限界水深とは，通常時の平穏な海の波浪で海底の堆積物に作用

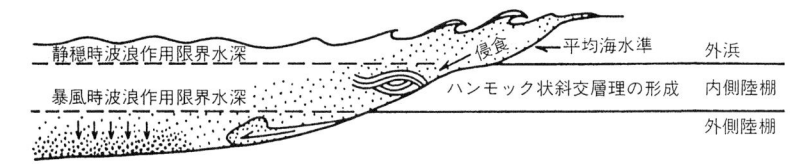

図 4.18 暴風時の陸棚の堆積作用 (Dott and Bourgeois, 1982, fig. 22 を改作)

が及ぶ平均水深のことである。暴風時波浪作用限界水深とは暴風時の波浪で海底の堆積物に作用が及ぶ平均水深のことである。これらの水深は個々の陸棚によって平穏時や暴風時の波浪の大きさが異なるので一概には何mとはいえない。平均的に見ると静穏時波浪作用限界水深は約20m、暴風時波浪作用限界水深は約50〜80mといわれている（斎藤、1989）。

静穏時波浪作用限界水深より浅い海底は外浜（shoreface）と呼ばれ、常に波浪の作用を受けている。砂より細かい砕屑物は、わずかな水の動きがあれば堆積せずに懸濁を続けるので、外浜には泥のような細かい砕屑物は通常堆積しない。例外は三角州で、ここでは河川から運ばれた泥の粒子が海水と接するときフロック（flocs）と呼ばれる泥の塊を作る（Collison and Thompson, 1989）。この塊は大きいので急激に沈降し浅海に泥を堆積させる。泥は一度堆積すると粒子が電気的に結合し、動きにくくなるという性質を持つ。したがって、三角州には巨大な泥質堆積体が形成されることになる。静穏時波浪作用限界水深と暴風時波浪作用限界水深の間は内側陸棚（inner shelf）と呼ばれる。内側陸棚は通常は静穏で、懸濁した泥だけが静かに堆積する場であり、生物活動が盛んである。暴風時になると内側陸棚の海底は沖合に向かって流れる乱泥流（turbidity current）や地衡流（geostrophic flow：下に解説）、および波浪の作用を被るようになり、運ばれてきた砂には波浪の影響を示す堆積構造が残される。

暴風時波浪作用限界水深より深い陸棚を外側陸棚（outer shelf）と呼ぶ。外側陸棚は常に静穏

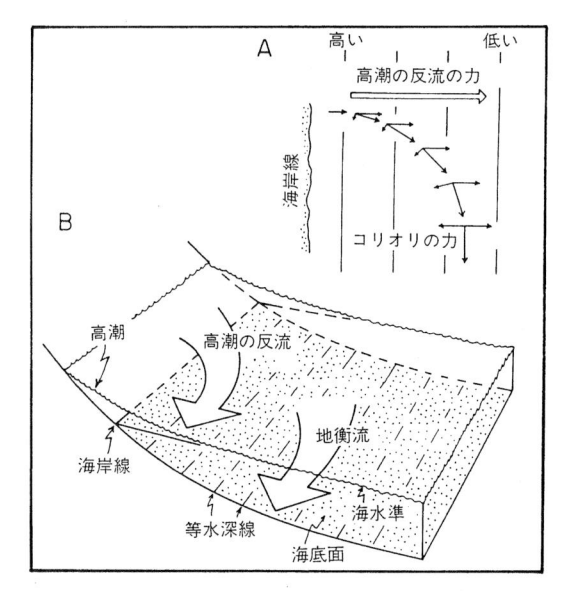

図 4.19 高潮の反流、コリオリの力、地衡流の相互関係（Walker and Plint, 1992, fig. 4 を改作）

で泥が堆積している．暴風が起きても波浪の直接の影響を被らないが，著しく強い暴風時には沖合に向かって流れる乱泥流や地衡流などによって砂が堆積することがある．内側陸棚と違って，この砂には波浪の影響を示す堆積構造は形成されない．

暴風時の高潮の反流として海底を沖に向かって流れ，コリオリの力によって北半球では海岸から見て徐々に右の方向に曲りながら流れる底層流を地衡流 (geostrophic flow) と呼ぶ（図 4.19）．一方，波浪の振動方向は海岸に近づくと岸の方向と直角になる傾向がある (Nummedal, 1991)．海底での水の動きは地衡流と波浪の合成となり，これを複合流（combined flow）と呼ぶ．複合流は岸から徐々に右向きに流れを変える地衡流の成分と岸にほぼ直角に振動する波浪成分とが合成されるため，結果的に複雑な楕円を描きながら沖へと向かう流れになる．複合流は暴風時に沖へ砕屑物を運ぶ主要な営力と考えられている．複合流によって海底表面にはハンモック状構造と呼ばれる起伏が形成される（図 4.20）．ハンモック状構造の断面を見てみるとハンモック状斜交層理 (hummocky cross stratification) と呼ばれる堆積構造が観察される（図 4.20）．ハンモック状斜交層理は暴風時の陸棚に形成される最も特徴的な堆積構造である．暴風型陸棚の堆積物はテンペスタイト（tempestite）と総称されている．テンペスタイトからなる堆積物を外浜から外側陸棚に順に並べてみたのが図 4.21 である．

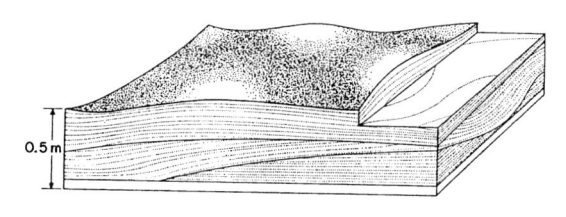

図 4.20 ハンモック状斜交層理（Dott and Bourgeois, 1982, fig.1 による）

以上のように，暴風型陸棚は外浜，内側陸棚，外側陸棚と大きく三分されるが，調査した露頭の泥質分は 64.7% と非常に高く，泥の堆積が稀な外浜よりは深い深度で堆積したと想定される．一方，ヌノメアカガイの産状は生きた貝が掘り起こされ，大量死するような強い営力が働いたことを示しており，この営力は強い波浪に求めるのが適当である．したがって，普段は泥が堆積するような穏やかな環境であったが，ときどき海底が著しく攪拌されるような環境，

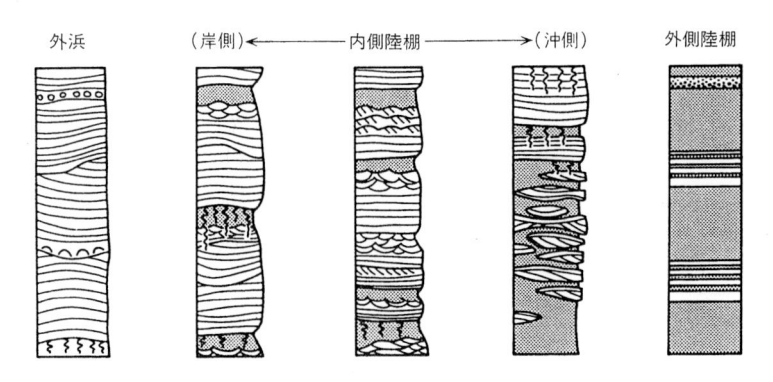

図 4.21 外浜，内側陸棚，外側陸棚の堆積物（Dott and Bourgeois, 1982, fig. 24 を改作）
外浜はハンモック状斜交層理が重なり，泥岩は通常堆積しない．内側陸棚はハンモック状斜交層理と泥岩との互層からなり岸から沖に向かって泥岩の含有量が多くなる．外側陸棚は泥岩と砂岩との互層となるが砂岩中にハンモック状斜交層理は見られない．白部は砂岩を，暗部は泥岩をそれぞれ示す．

すなわち内側陸棚を想定すれば露頭の堆積物と貝化石の産状が最もよく説明がつくことになる．既に述べたように，内側陸棚の堆積物は深度20mから50～80mの間に形成されるので，産出した貝化石から推定した堆積深度20mから50m付近と大変よく一致する．

4.1.11 成果の評価

化石の保存状態に関する研究といえば，多くの場合「化石の記録は不完全で，その解釈には大きな制約がつきまとう」という負の面の強調が多かった．しかし，最近の内外の研究を見ると，研究の限界を強調する姿勢から一歩踏み出し，化石の研究からどれほど素晴らしい成果が得られるかを強調した論文が増えている．高鍋層の貝化石の産状の研究をそのような視点で評価してみよう．

地層の堆積環境を推定するのに有効な手段として堆積相解析と呼ばれる研究法がある．堆積相解析は個々の環境に固有な堆積構造とエネルギーレベルを考察し，それが形成される必然的な堆積場を推定する堆積学の一手法である．たとえば，波浪によって形成される堆積構造は深海に形成されることはないはずであり，上に述べたように暴風時波浪作用限界水深より浅い陸棚域に特徴的である．また，周期的に流れが180度変化したり，短期的に流れが起きたり停滞

を繰り返すことを示す堆積構造は，潮汐の影響を受ける堆積場に特徴的な堆積物といえる．堆積相解析では，このような特徴的な堆積構造から判断したエネルギーレベルを基に特定の堆積場を推定する．また，推定した堆積場と遷移的に隣接する他の堆積場との組み合わせを考え，全体としての古環境の推移を考察し，その仮説を補強する．たとえば，内側陸棚と想定された堆積場が外浜や外側陸棚の堆積場と遷移的に変化すれば，その解釈は説得力が増すことになる．さらに，これらの重なりがわかれば，堆積深度が増したか減じたかが理解できる．一方，想定した堆積場が本来隣接しえない堆積場と遷移的に変化したとすれば，最初の推定を疑わなくてはならないことになり，二つの堆積場が合理的に隣接しえる堆積場を新たに想定する必要があることになる．

　岩瀬橋の下の露頭のように孤立的で周囲の地層の状況がわからず，しかも生物擾乱によって初生的な堆積構造が消されてしまった場所では，堆積相解析の手法を堆積環境の推定に使用することは困難である．しかし，化石の産状の研究は，この露頭の砂質泥岩が過去に静穏な時期と物理的攪拌の時期を繰り返し被っていたことを示し，このような堆積場は内側陸棚を想定することが最も合理的であることが推定された．大型化石の産状の研究は，堆積環境を推定する手段としてきわめて有効であることがこの研究でわかったのである．もし，この露頭から大型の貝化石が産出しなかったならば，「生物活動が活発であったらしい砂質泥岩があった」としか推定できなかったに違いない．また，この露頭が孤立的ではなく，地層の重なりから堆積相解析が可能だったとしても，塊状砂質泥岩の中に秘められた詳細な環境の推移を明らかにすることは貝化石の産状の研究なくしては不可能だったに違いない．

4.2　大桑層（更新統）での微化石の研究

　石川県金沢市の町中を北西に流れる犀川は大桑層（第四系，前期更新統）の模式地として，また海生貝化石の産地としてよく知られている．市街地から2 kmほど川を遡ると大桑橋に出る．このあたりは広々とした田園地帯で，川幅約100 mの川床はほとんど現河川の堆積物で覆われているが，ここから

1kmほど上流に向かうと,川幅は急に狭くなり,川床には地層が直接露出するようになる.ここからさらに上流の通称「めがね橋」に至る約500mの川床と川岸には,大桑層の中・下部層が連続して露出している(図4.22).

図 4.22 犀川沿い(大桑層の模式地)の地形図(国土地理院発行1/25000「金沢」を使用)

図 4.23 犀川に架かる「めがね橋」と右岸に露出する大桑層の下部層

4.2 大桑層（更新統）での微化石の研究

> 「めがね橋」はアーチ状の四つの川道を持つ工事用の仮設橋で，欄干もないので眼鏡のフレームを二つ並べたように見える．この付近までくると，橋のほかには人工物はなく，まだきれいな水の流れと豊かな緑の自然が残されている．川遊びや自然散策にも絶好の場所である（図 4.23）．

　ここの地層をじっくりと観察することによって，この大桑層が堆積した時代（およそ 100 万年前）にタイムスリップしてみよう．ここでの研究の目的は，地層に含まれる微化石（特に介形虫類）を用いて，この地層が堆積した当時の海中環境を復元することである．微化石は当然のことながら肉眼では確認できないので，研究は地層の一部を持ち帰って室内で行うことになる．それではどのような試料をどのように採集してくればよいのか．実験室ではどのような処理を行い，どのように研究するのか．次に大桑層を例にして，試料の採集から当時の堆積環境を復元するまでの一連の研究過程を順に解説しよう．

4.2.1 地層の観察

　微化石によって古環境を解析しようとするとき，微化石そのものを研究する前に，まずそれらの化石が含まれている地層をよく調べなければならない．そして，それらの調査結果を基に研究目的に合致した試料を厳選した上で採集してこなければならない．そのための地層の観察には，持っている地球科学の全知識を駆使し，またこれまでの研究成果をも参考にしながら，本章の前節で解説したような考察を野外で行ってみよう．

　「めがね橋」の上流には犀川層（中新統）が露出し，下流には犀川層を不整合に覆う大桑層が露出している．橋は両層の境界付近に架けられていて，川は両層の走向とほぼ直行する方向に流れているので，橋から川の流れに沿って大桑層の下部の地層から順次上位の地層を連続的に観察することができる．それでは橋から川岸におりて，地層を観察しながら川を下ってみよう．ここでは観察結果をルート

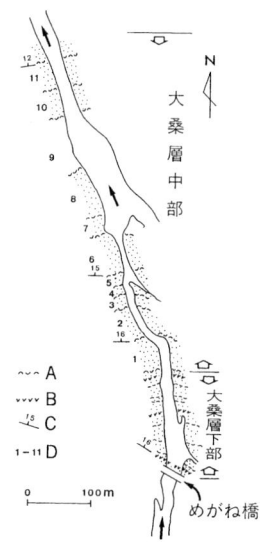

図 4.24　犀川沿いのルートマップ（北村による）

マップ（図4.24）に記入するとともに，地質柱状図（図4.25）も作成することにしよう．

> 調査する地域のルートマップはフィールドに入る前にその概略図をあらかじめ作っておくと便利である．ルートマップは地形図と空中写真から合成し，フィールドで記入しやすい縮尺（1mが1mmまたは2mmに表現される1/1000または1/500など）に拡大しておくとよい．最近では優れたコピー機があるので，これらの作業は容易である．

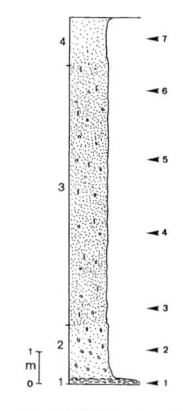

図 4.25 堆積サイクル8の地質柱状図（北村）

まず最初に下り立った「めがね」橋の下流付近は水流に洗われた地層が川床いっぱいに広がり，水量が少なければ平らに露出した地層の上を濡れずに歩くことができる．地層は青灰色のシルト質細粒砂岩からなり，ところどころに貝の化石が含まれている．貝化石は比較的大型の二枚貝が目立ち，殻が2枚合わさった状態で産出するものも多い．この貝化石を含んだ地層は塊状なので，地層の走向・傾斜を測るのはむずかしい．しばらく付近の地層や貝の種類，産状などを観察していると，やや下流に見かけの幅70cmほどの黄白色をした細粒の火山灰層が挟まれているのを見つけることができる．この火山灰層は一方の岸から対岸まで白い帯となって川を横断している．この火山灰層を使って，地層の走向・傾斜を測る（第6章・解説1）と，ほぼN 70°W，16°NWである．したがって，このあたりの地層は川の流れにほぼ直行する走向をもち，下流方向に15度ほど傾いていることになる．そして，火山灰層の真の厚さは見かけよりも薄く，約20cmであることが知られる．このようにして，連続して露出する地層を下部から上部へと順に観察しながら約100mほど川を下る間に，貝化石の密集層を6枚と火山灰層を3枚確認することができる．この3枚目の火山灰層の直上5cmまでの地層（層厚約25m）を大桑層の下部層と呼んでいる．

大桑層の中部層は，次に示すような一連の堆積サイクルを繰り返す地層として定義されている（北村・近藤，1990）．すなわち，一組みの堆積サイクルは，(1)基底部に明瞭な侵食面を持つ礫混じりの貝化石密集層に始まり，(2)貝化石

を多く含む淘汰のよい無層理の細粒砂岩層が重なり，(3)さらに貝化石や生痕化石を含むシルト質細粒砂岩層に漸移する．(4)そして再び淘汰のよい細粒砂岩層が重なる．このような堆積サイクルが川沿い約400m（層厚にして約75m）の間に11回繰り返し現れ，下位からサイクル1，2，…，11の名がそれぞれ付けられている（ただし，サイクル9は，この川沿いでは基底の貝化石密集層が見られるだけで，それより上部の地層は露出していない）（北村，1994）．これらの各堆積サイクルは層序的な岩相の変化に前述したような(1)～(4)の規則性が見られることであって，個々の地層の厚さや細かな岩相は当然のことながら各サイクルごとに異なる．各堆積サイクルの層厚は1.5～11.8mまで変化し，また(1)の貝化石密集層の厚さも5～30cmまで変化する（サイクル5は基底部に侵食面を持つが，貝の密集層を欠く）．(2)の淘汰のよい細粒砂岩層の厚さも0.5～2mまで変化し（ただし，サイクル1と11では欠如している），その上に重なる(3)のシルト質細粒砂岩層も1～9mと変化する．さらに，三つの堆積サイクル（サイクル1, 8, 10）の最上部には(4)の淘汰のよい細粒砂岩層（0.3～1.5mの層厚を持つ）が見られる．

　大桑層の上部層は，中部層の堆積サイクル11の直上にある貝化石密集層からはじまる層厚約110mの主として粗粒な堆積物からなる．この地層は大桑橋までの約800mにわたって川床に露出し，卯辰山層（更新統）によって不整合に覆われる．不整合の露頭は川床ではなく，橋の上流約50mの右岸の崖で見ることができる．本層のおおよその岩相を北村（1994）の観察に基づいて示すと次のようになる．(1)貝化石や生痕化石を含むシルト質細粒砂岩層，(2)砂岩（厚さ10～50cmで斜交葉理や平行葉理が発達する）と泥岩（厚さ10～60cmで炭質物が多く含まれる）の互層，(3)分級のよい細粒砂岩層，(4)褐色の含礫中粒砂岩層（直径数cm大の礫を含み，貝の印象化石が見られる），(5)斜交葉理を示す砂岩と塊状砂岩との互層，(6)分級のよい粗粒砂岩層，(7)砂岩とシルト岩との互層．これらの岩相が(1), (3), (4), (6), (7), (1), (3), (4), (5), (2), (3)の順に重なっている．そして，上部層でも三つの堆積サイクルが認められ，それらの境界は(6)と(7)および(5)と(2)の間に存在している．

　次に大桑層の中部層に見られる堆積サイクルについて，サイクル8（層厚約12.5m，図4.25）を例にもう少し詳しい地層の観察を試み，それらの観察結

果からこれらの地層が堆積した環境を可能な限り現地で考察してみよう.

（1） 堆積サイクルの基底にある厚さ約5cmの貝化石密集層から観察を始めよう（図4.26 A）．このあたりの川床は川の流れによって地層が差別的に侵食され，小規模のケスタ地形が形成されている．貝化石密集層は侵食されにくく，川床に突き出ているので容易に見つけることができる．まず，どのような貝がどのような状態で堆積しているのか．千枚通しのような先の尖った道具を使って貝化石を崩し，掘り出しながら観察してみよう．貝化石は巻貝よりも二枚貝の方が圧倒的に多く，そのほとんどは片殻で，両殻そろっているものは非常に少ない．殻の厚い貝はあまり壊れていないが，破片になっているものはそのほとんどが殻の薄い貝である．しかし，それらの殻の表面はあまり磨耗して

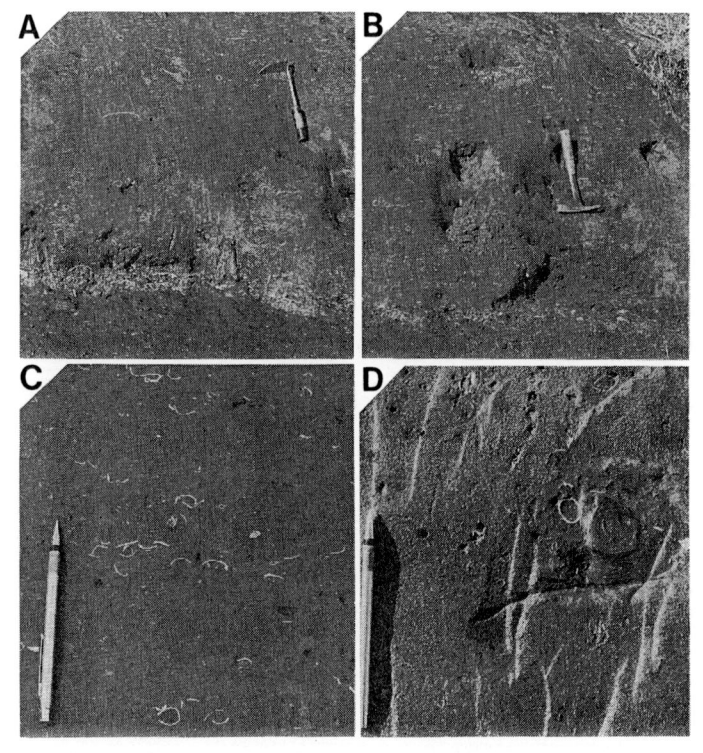

図4.26 堆積サイクル8の露頭写真．A：貝化石密集層，B：淘汰のよい細粒砂岩層，C：貝化石を点在するシルト質の細～極細粒砂岩層，D：シルト質の細～板細粒砂岩層中の生痕化石．

いないことに気づくだろう．地層中での貝殻の産状（姿勢）を調べると，瓦を積み重ねたように互いに平らな面で重なり合い，その並ぶ方向は層理面とほぼ平行である．

次に，これらの貝化石を取り囲む堆積物（基質）を見てみよう．貝殻は密に重なり合っているが，それらの間を細礫混じりの細〜中粒砂が埋めている．化石密集層内の砂粒の粒径に着目すると，砂粒は上位に向かって細粒化する傾向が認められる．

次は貝化石密集層の下面（基底面）を観察してみよう．貝化石密集層と下位のシルト質細〜極細粒砂岩層との境界はゆるく波打ち，両層は構成物質の違いから明瞭に区別できる．また下位の砂岩層が部分的に削り込まれたようにくぼみ，そこに上位の貝化石層が充塡されているところも見られる．これらの堆積構造は砂岩層の堆積が一時中断していた（無堆積状態）か，もしくは軽微な侵食が働いたことを示唆している．

以上の観察事項を総合すると，貝化石密集層の貝類は明らかに他の場所から運ばれてきた，いわゆる他生的産状を示している．しかし，表面が磨耗していない貝殻が多いことから，比較的近い場所に生息していた貝の群集が死後に洗い出され，かなり強い水流によって短期間のうちに運ばれてきたと推定される．基底面に見られる軽微な侵食面はそのときに形成されたものであろう．貝の種類を調べることによって，これらの貝類が生息していた海況を知ることもできるが，現地ではむずかしいので貝化石を採集して持ち帰り，後にゆっくり考察することにしよう．

（2）　貝化石密集層の上に重なる厚さ約2mの淘汰のよい細粒砂岩層について観察しよう（図4.26 A, B）．青灰色の塊状砂岩層には堆積構造を示すようなわずかな葉理も見られない．全層にわたって砂の粒子は細粒で，シルト以下の粒子の混じりは少ない．個体として識別できる貝化石は2種類の二枚貝で，それらはほとんど両殻を閉じたまま点在している．また堆積物中には細かな貝の破片がたくさん点在している．この貝の破片をよく調べると，貝化石密集層を構成している貝とほとんど同じ種類であることがわかる．

これらの状況から判断して，この地層を形成している堆積物は貝化石密集層とほぼ同じ供給源から，それよりも弱い営力によって運ばれてきたものであろ

う．この営力は大きな貝や礫を運搬することができず，細砂粒を運ぶ営力で貝の小さな破片を運搬したと考えられる．また，堆積構造が見られないことから，底生生物の活動による堆積物の擾乱が生じ，細かな貝の破片は生物擾乱によって下位の貝化石密集層からもたらされた可能性も考えられる．そして，このような堆積の場で2種類の二枚貝が生息していたと推定される．この二枚貝を採集して，後でそれらの種類や生息環境などを詳しく調べることにしよう．

（3）　この砂岩層に重なるシルト質の細粒～極細粒砂岩層は，約9mの厚さを持ち，全体に青灰色塊状で堆積構造は見られない．堆積物は下位の砂岩層に比べて細かく，泥がちである．全層を通じて貝化石が点在し，生痕化石があちこちに見られる（図 4.26 C, D）．

ここで，どのような種類の貝がどのような姿勢で産出するのか調べてみよう．現地で貝の同定ができなくても，化石の保存状態がよいのでおよそ10種類ぐらいの貝類を区別することができる．ここでもやはり二枚貝が多いが，巻貝も見られる．二枚貝は両殻がしっかり閉じたもの，やや殻を開いたもの，すっかり殻を開いてしまっているが両殻はまだ分離していないもの，両殻は分離しているが双方の殻が近くにあって同一個体であろうと判断されるもの，すでに片殻になってしまっているもの，破損しているものなどさまざまである．巻貝もほとんどのものが破損していない．そして，殻の薄い貝もよく保存されている．

これらの貝化石の産状（姿勢）に注目すると，両殻そろった二枚貝は一見さまざまな方向を向いているようであるが，よく観察すると層理面に対して平行な向き（横倒しになっている）を示す個体が多い．しかし，中には生息時の姿勢のまま化石になったものも見られる．また殻を開くかまたは片殻になった二枚貝のほとんどは層理面に対してほぼ平行な向きに並んでいる．しかも皿を伏せたような姿勢で地層の上方に殻の表面を向けているものが多い．このような貝化石の産状から，これらの貝類は遠くから運ばれてきたとは考えにくい．この地層が堆積した同じ場所に生息していた（自生）か，運ばれてきたとしてもごく近いところからであろう．地層に対するこれらの貝の個々の埋没姿勢（方向）を詳しく測定することによって，堆積時の水流の方向を統計的に推定することができるかもしれない．

4.2 大桑層（更新統）での微化石の研究

　この地層に産出する貝の種類を調べると，下層から上層に向かって種の構成が異なる四つの層準があることに気づくだろう．これは，この地層が堆積している間に生息する貝の種類が変化したことを意味している．すなわち，堆積環境が変化したと解釈することもできる．これらの貝化石を層準ごとに採集して持ち帰り，種類を調べることによって，貝の生息環境からこの地層が堆積したおおよその海況を推定することができる．

　次に生痕化石について観察してみよう．地層の表面が汚れていると見にくいので，草取り用の「ねじり鎌」のようなもので表面を削り取り（図4.26 A），新鮮な地層を露出させて観察しよう．「ちくわ」のような形をした細長いチューブ（直径2～4cm，長さ10～20cm）が層理に対して垂直方向に並んでいたり，また，さまざまな方向を向いたいろいろなサイズの管状の模様がたくさん見られる（図4.26 D）．これらの管の中を充填している物質はそれらの周りの堆積物とやや異なっていることに気づくだろう．さらに，米粒のような形態をした泥の粒子をたくさん見ることができる．これらは生痕と呼ばれるもので，生物の生息跡であったり，また糞であったりする．これらの生痕が

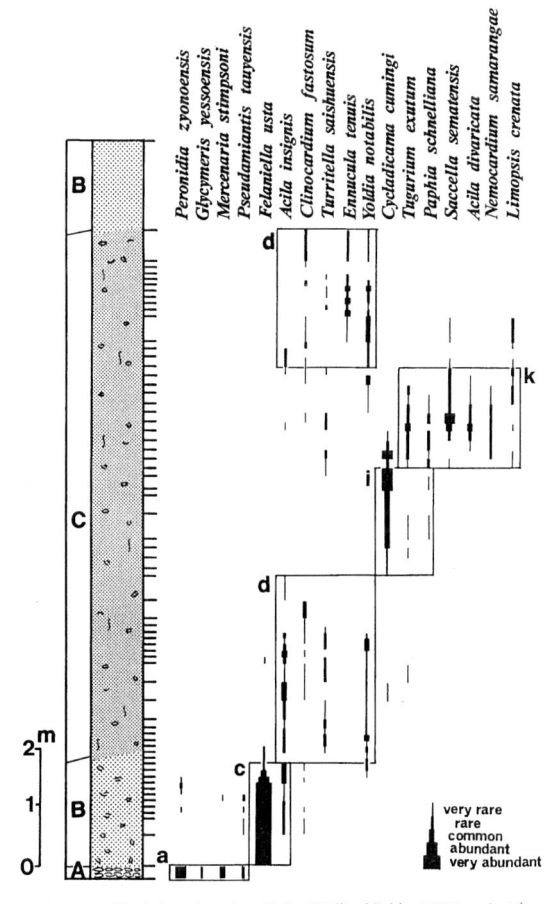

図4.27　堆積サイクル8の貝化石群集（北村，1990による）

全層にわたって見られることから，生物の種類を正確に特定することはできないが，ここに多くの種類の生物が生息していたことが知られる．これらの生物が海底または底質の上層部で活発に動き回ることによって，堆積物粒子が擾乱され，その結果としてもともとの堆積構造が消失してしまったことがわかる．

（4）貝化石を点在したシルト質細粒砂岩層の上には，再び淘汰のよい褐色塊状の細粒砂岩層（層厚約 1.5m）が重なる．この地層からは貝化石は産出しない．またこの地層の最上部には，軽微な侵食面が観察され，サイクル9の基底の貝化石密集層が重なっている．

堆積サイクル8から産出した各層準ごとの貝化石を研究室に持ち帰り，それらの種類を詳しく調べることによって，貝化石群集の組成からある程度の堆積環境を読み取ることができる．すなわち，貝化石群集が示す地層の垂直的変化は寒流域の浅い海から暖流域のやや深い海へと徐々に移り変わり，その後再び寒流域の浅い海へ戻ったことを示している（図 4.27）．このことは，ある海域における海況が時間とともに変化したことを意味している．これは第四紀の全地球的な気候変動とそれに伴う氷河性海水準変動に結びつけて考えることができる（北村・近藤，1990）．そしてこれらの地層に記録された堆積サイクルは，海水準変動（気候変動）が周期的に起こったことの証拠となる．このような地層に記録された堆積環境の変化をあらゆる角度から，またあらゆる手段を用いて総合的に解析することによって，当時の気候をより鮮明に復元できるかもしれない．以上のような予備知識を踏まえて，次に微化石（ここでは介形虫）を用いてさらに考察を深めてみよう．

4.2.2　微化石試料の採集

> 微化石とは，一般的には「微小な化石」の総称で，肉眼では確認しにくいような小さなサイズの化石を指している．この中には超微化石と呼ばれるバクテリアからコノドントや花粉のように大型生物の器官の一部まで含まれ，必ずしも微小な生物に限られるわけではない．化石として保存される遺骸は炭酸石灰質や珪酸塩質であるものが多く，置換されない有機物質である場合もある．

ここでは，大抵の海成層に含まれ，比較的手軽に扱える石灰質の殻を持った

介形虫類（有孔虫類もほぼ同様の方法で扱える）を取りあげることにする．

現世の海底堆積物を調べてみると，そのほとんどの堆積物から介形虫の殻を検出することができる．したがって，海成の堆積物からなる大桑層からも，二次的に殻が溶かされていない限り，介形虫の化石を検出できるだろう．

試料の採集は研究の目的によって異なるが，研究の第一歩であるから慎重にまた計画的になされるべきである．理想的には地質調査がすでに完了し，地層の分布や層位などの概略がつかめていることが望ましい．そして次に，「微化石によってどのようなことを明らかにしたいのか」という，しっかりした研究目的を持つことが必要である．また微化石の研究には室内作業にかなりの時間と労力がかかるので，研究目的を達成するために最も効果的な採集地点（層準）を選定し，試料数を最小限にしておくことも大切である．

ここでは試料採集の実際を堆積サイクル8で説明しよう．地層の観察に基づいて作成された地質柱状図（図4.25）において，岩相の変化は堆積環境の変化を反映していると解釈した．その事実は堆積構造にも，また堆積物粒子にも現れ，肉眼で観察できる貝類群集や生痕化石にも反映されていた．それではこれらの堆積環境の変化は微化石（介形虫群集）にはどのように反映されているのだろうか．肉眼では見られない微化石から，もう少し詳しい情報は得られないだろうか．これらの一連の地層を堆積させた海洋環境の変化を調べることを目的に，微化石用の試料を岩相の変化に合わせて採集することにしよう．

（1）礫混じりの貝化石密集層（層厚5cm）： 介形虫類の殻のサイズは0.5mm以下のものが多いので，粗粒砂以上の粗い堆積物中には含まれていないことが多い．しかし，粗粒砂岩といえども細かな粒子をまったく含んでいないわけではない．そこで，粗粒な部分を避け，密集した貝殻の間や貝殻の内側に充塡されている，なるべく細かな堆積物を採集するようにする．ここでは地層の厚さが薄い（層厚5cm）ので試料は一つにしておこう．

（2）貝化石を含む淘汰のよい無層理の細粒砂岩層（層厚2m）： 岩相は全体にほとんど均質なので，試料はどの層準から採集してもよいだろう．ここでは地層の中央部分から1試料を採集することにする．一般に淘汰のよい砂岩層では，堆積物粒子は堆積物の運搬過程ですでに分級作用を受けているので，砂粒よりも小さく，また軽い介形虫の殻などは洗い流されていることが多い．

したがって，試料としてはこのような砂岩を採集するのではなく，砂岩中に点在する貝化石の中から両殻を閉じた二枚貝を掘り出し，その中に充塡されている堆積物を採集してくるとよい．貝の中に詰まっている堆積物は貝の外側の堆積物よりも細かい粒子が多く含まれている．これは，砂が洗い流される過程で細かな粒子は淘汰から免れて貝の内側に入り込み，そこにそのまま留まることがあるからである．さらに，このような貝の殻の中に詰まった堆積物は貝の殻によって風化からも保護されるので，介形虫の殻が保存されていることが多い．

（3） 貝化石や生痕化石を含むシルト質細粒砂岩層（層厚9m）： 下層から上層まで岩相はほとんど変わらないが，含まれる貝化石の種類が層準によって異なっているので，試料は四つの異なる貝化石群のそれぞれ中央部分の層準から採集することにする．この地層の堆積物は全体に細粒なので，多くの介形虫殻の産出が期待できる．試料採集の際に注意することは，砂管のような生痕化石をなるべく避けて採取するとよい．多くの砂管はもともと底生生物の居住空間であったところに堆積物が充塡されて形成されたものである．したがって，砂管内の堆積物は周囲の堆積物に比べて粗く，また分級されていることが多い．

（4） 貝化石を含まない淘汰のよい褐色塊状の細粒砂岩層（層厚1.5m）： 貝の殻が発見されないので，介形虫の産出も期待できない．しかし，あるいは少数個体でも含まれているかもしれないので，1試料だけ採集することにする．このようにして堆積サイクル8では，合計7個の試料が採集されたことになる．他の堆積サイクルについても同様の方法で試料を採取すればよいであろう．ここで，堆積環境の変化をもっと細かく解析しようとするならば，試料採集の間隔をもっと狭めて試料数を増やさなければならないだろう．また全堆積サイクルをサイクル8と同じ精度で解析しようとすれば，その試料数は70個を越えてしまう．後に説明するように，一つの試料の解析にはかなりの手間暇がかかるので，これらの試料数は研究の目的を達成できる最小限に押さえておくことが重要である．次に，微化石試料を採集する際のごく一般的な基礎知識と注意事項をあげておく．

「 介形虫類の殻は石灰質なので，堆積の過程やその後の堆積層の置かれた 」

環境条件によって，石灰分が溶解してしまって地層中に保存されない場合がある．特に長い間雨水に洗われたり，地下水に浸されたような地層中では，石灰質の殻は溶かされてしまっていることが多い．貝殻の印象だけが地層中に残されているのをよく見ることがあるが，このようなところでは介形虫の殻は残っていない．また貝の殻が保存されていても，それよりも小さくて薄い殻の介形虫は溶かされていることが多い．そこで，試料はなるべく風化されていない部分（堆積物）から採取するように心がけ，露頭では新鮮な地層が現れるまで10～30cmほど掘り込む必要がある（図4.26 B）．地層の表面は風化して黄褐色に変色していても，その内部は風化されずに青灰色を保っていることがしばしばある．また介形虫は小さくてもルーペで見ることができるので，その存在を採集時に確認することも確実な試料を選ぶ方法である．しかし，たとえ野外でその存在を確認できなくても，実験室で検出されることはしばしばあることなので，疑わしいときはともかく採集してくる方が賢明であろう．

試料の採集範囲については，ある層準の介形虫化石群を解析したいのであるから，地層の層理面に沿って，層厚においてなるべく薄い同一層準内（層厚にして10cm以内，ただし単層がそれよりも薄い場合にはそれ以下となる）から採取することが望ましい．一般に化石介形虫群の組成は，地層の垂直方向に比べて層理面方向に変異が少ないといわれている．しかし，同一層準内でも局部的に組成が異なることもまた知られている．そこで，試料の採集箇所による試料の偏りを少なくするために，通常は露頭内の同一層準から2ないし3箇所の試料を採取し，それらを合わせて1試料としている（図4.26 B）．このとき，他の層準の試料が混入しないように十分注意する必要がある．試料の採集量は150～200g（cc）程度あれば十分である．それぞれ他の試料と混じらないようにポリ袋に入れ，試料番号などを付して持ち帰る．

4.2.3　介形虫化石の摘出（試料の調整）

実験室に持ち込まれた約200gの堆積物から介形虫殻を摘出する作業は，以下に説明するように多くの手順を経なければならない．それは堆積物の種類と解析する精度によって異なるが，ここでは大桑層の試料に基づき，介形虫群集を定量的に扱うための試料の調整について説明する．作業過程における手抜きやわずかなミスも，それらが積み重なると最終的に取り出された群集は本来の

組成を正確に表さなくなるので，個々の作業は注意深く厳密に行うことが大切である．

1） 試料の定量

採集試料を新聞紙上に広げ，大きな泥塊は指を使って $1cm^3$ 程度の岩片に崩し，試料の偏りをなくすためによく混ぜ合わせる．これらの試料を量質ともにほぼ均等になるように二分割して，その一方を蒸発皿に移し，電気乾燥器（100°C以下）中でよく乾燥させる．残りの試料はもとの袋に戻して保存しておく（追加試料が必要なときに備え，また追試を保障するためである）．

試料が十分乾燥したら，その中から80gを秤量して取り出し，残りの岩片は保存用の袋に戻しておく．秤量することの意味は後に堆積物の含砂率を求めたり，また単位重量当たりの介形虫の個体数を算定するためである．最初の試料を80gとしたのは，後に二分割法によって試料を40，20，10，5gと小分けしたときに，小数点の出ない，なるべく区切りのよい量に揃えたいだけのことである．

2） 介形虫殻の濃縮

80gの乾燥試料をナンバー200メッシュのタイラー標準篩に移して，シャ

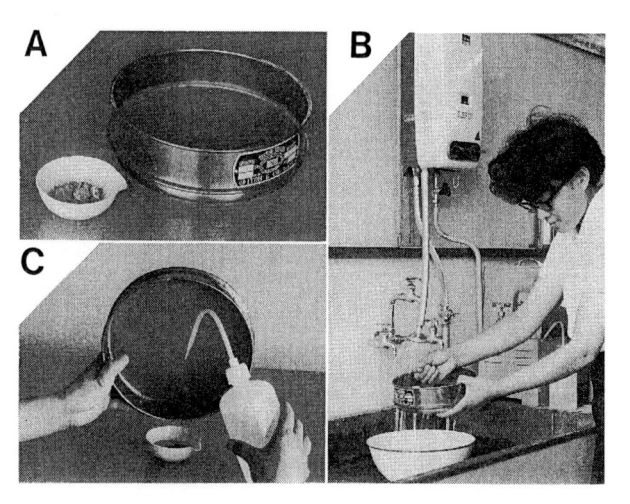

図 4.28 篩（ふるい）と試料の水洗
A：タイラー標準篩（200メッシュ），B：シャワーによる水洗，C：洗浄ビンを使って残滓を蒸発皿に移す．

ワーを使って水洗する（図 4.28 A, B）．

> メッシュのナンバーは直径1インチの円内に開いている篩の目（孔）の数を示し，ナンバーが200メッシュの目（孔）の大きさは一片が64μである．このサイズはちょうど砂とシルトの粒径の境界（1/16mm＝62.5μ）に近いので，試料の含泥率（含砂率）を求めるのに好都合である（含砂率をより厳密に求めるためには230メッシュ（63μ）を使用したほうが精度が高い）．それにもかかわらず200メッシュの篩を用いるのは，国際的に多くの研究者がこのサイズのメッシュを一様に使用しているので，解析結果をそれらと比較するのに便利だからである．また64μ以下のサイズの介形虫殻はそのほとんどが幼体であり（64μ以上の幼体も多く存在する），種の同定がむずかしい．幼体を含むすべての介形虫を対象とするなら，もっと細かな篩を使用しなければならないが，ここではこれらの幼体を扱わないことにする．

　水洗に際しては岩片を指で摘み，指と指の腹で圧し潰すように，また擦り合わせるようにしながら根気よく泥質分がなくなるまでシャワーの下で洗う．このとき注意しなければならないのは，試料を篩に擦りつけないことである．介形虫の殻を破壊してしまうばかりか，篩の目を傷つけるからである．特に貝殻片を多く含むような試料は薄いメッシュを破りやすい．水洗は泥分が篩の目を全部通り抜けた時点で終了する．その目安として篩の下に白色の皿を置き，そこに溜まった水が濁らなくなればよい．洗いすぎは介形虫殻の破壊を招き，また水洗不足は泥分が邪魔して後の検鏡に支障を来す．しかし，その加減はもっぱら経験に頼るほかはない．

　水洗しても泥塊が残ったり，また貝殻などに付着した粒子がなかなか分離しないことがある．このようなときは試料をもう一度大きめの蒸発皿に移して，5％程度の過酸化水素水（H_2O_2）を加え，発砲がおさまるまでしばらく放置してから（15分程度）再び水洗するとよい．過酸化水素の効用は固結した粒子を分離するばかりでなく，介形虫殻の表面に付いている微小な不純物までも分離してくれるので，きれいな標本を得ることができる．

　水洗に当たっては，他の試料が混じり込まないように使用前後の篩を内外からよく洗っておくことはもちろんのこと，水洗中に強いシャワーで試料を散逸させないこと，また試料の付いた手で水道の蛇口などを握らないことなど細か

な配慮も必要である．そのためには適度の強さのシャワーを常に流しながら行うとよい．冬期には湯水を使うと楽であり，泥塊が崩れやすくなる．

このようにして篩に残った水洗後の試料は介形虫殻（有孔虫殻も）が相当に濃縮されている．これらを蒸発皿に移して電気乾燥器（100°C以下）で乾燥させる．試料を篩から蒸発皿に移す際，シャワーで試料を篩の片側に寄せておき，洗浄ビンを使って流し込むとよい（図4.28 C）．篩ごと乾燥させると，篩を痛めるばかりでなく乾燥するまで他の試料が洗えないので，はなはだ能率が悪い．介形虫殻の中には水に浮くものがあるので，蒸発皿から水が溢れ出さないように，また早く乾燥させようとしてうわ水を流し去ってはいけない．もし早い乾燥を望むならば，ろ紙で漉し，ろ紙ごとビーカーなどに入れて乾燥させるのもよい．

乾燥後の試料は秤量して水洗前の重量と比較し，含砂率（含泥率）を求める．

3） 試料の分割

ある生物集団を群集生態学的に解析するとき，その生物集団のサンプリング・サイズが問題となり，統計的に扱われる個体群が論じようとする有限母集団を正しく代表していなければならない．それでは介形虫群集の解析には1試料でどのくらいの個体数を扱えばよいのか．何千何万個体も摘出する必要がはたしてあるのだろうか．微化石における摘出すべき個体数については，すでに多くの人によって検定され，200個体以上を均等に摘出すれば母集団の性格を十分に表しうるとされている．

> 母集団に含まれる介形虫の個体数は無限に近いが，種類数は有限である．したがって，母集団中の種類数によっては，摘出する個体数をかならずしも一様に200個体以上と決める必要はない．いま，試料より1個体ずつ標本を摘出し，新しく現れた種（この試料において初めて出現した種）数の増加の程度を調べると，次のようなグラフが作れる（図4.29）．摘出個体数（n）の増加とともに種数（s）は初め急激に，後ややゆっくりと増加する．そして，ある摘出個体数を越えると種の増加は極度に減少する．その境界はグラフ上の変曲点として示され，変曲点の位置はどのくらいの種数を含む試料かによって，すなわち，種の多様度によって各試料ごとに異なる．したがって，各試料における理想的な摘出個体数は変曲点を

越える数であればよいことになる.変曲点を越える個体数をいくら増やしても母集団に含まれる介形虫の種類数は有限(多様性の高い試料でも100種類を越えることはほとんどない)であるから,出現頻度のごく稀な種類が数種類増えるにすぎない.したがって,ここではそれらの種類は無視してもよいだろう.たとえば,グラフが示すように,10種類くらいからなる多様度の低い試料では50個体も摘出すれば,その群集組成は十分母集団を代表しているといえる.

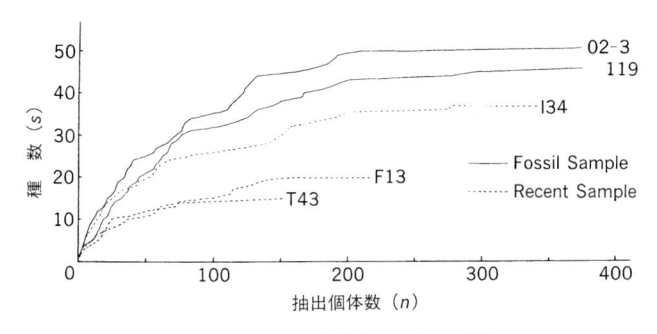

図 4.29 介形虫の個体数と種数との関係

化石介形虫群集の有限母集団を正しく反映し,かつ摘出する作業に無駄な労力を費やさないためにも,乾燥試料を二分割法によって,おおよそ200個体の介形虫殻を含む最小単位の試料に分割しておく必要がある.

その簡単な方法は図4.30に示したように,(1)適当な紙上に一部が重なるように薬包紙(x, y)を2枚敷いておく(図4.30 A).(2)別の紙上に敷いた薬包紙(z)上に試料を移し(図4.30 A),薬包紙の一片を折り曲げてV字状の溝をつくり,そこから試料を2枚の薬包紙上に落とす(図4.30 B).このとき,2枚の薬包紙の境界線上の1点から落とされた試料が境界線で二分されるような扇状の堆積物を作る.(3)薄いが腰の強いカード様の紙を薬包紙の境界線に沿って差し込み(図4.30 C),扇状堆積物を二分割し,それぞれを2枚の薬包紙上に移し寄せる(図4.30 D).(4)二つの試料を薬包紙ごと上皿天秤に乗せ,両者が同量であることを確認する(図4.30 E).両試料が釣り合ったときに,これら一連の分割作業は成功したといえるが,両者が大きく異なるときはこの作業を成功するまでやり直す.二つの試料の釣り合いが微妙な程度であれば,

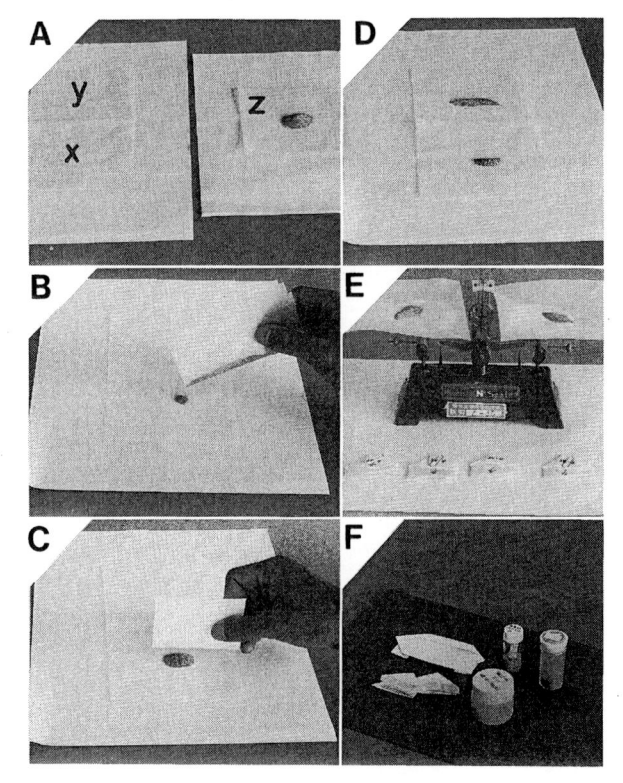

図 4.30　扇形二分割法と分割試料

どちらかの試料から砂粒を 1, 2 個他方の試料に移して調整する．このような作業はむずかしそうであるが，経験を積むと一度で成功するものである．このようにして粒形，粒度，比重などさまざまな粒子からなる試料をほぼ均等に分割することができる．二分割された試料の一方をさらに二分する方法で，40, 20, 10, 5g（2個）の小試料が得られる．分割の途中，大体の個体数を顕微鏡下で算定しながら，約 200 個体の介形虫を含むような最小単位の試料をつくる（慣れてくるとおおよその見当がつけられるものである）．

それぞれの分割試料はサンプルビンや薬包紙に封入し，ラベルを付けて保存しておく（図 4.30 F）．ラベルには試料番号（採集地名，地層名，層準，採集者，採集年月日など）のほか，重要なのは水洗したメッシュ番号と分割量（80 g の何分の 1 など）を記入しておく．このような細かな管理を怠ると，作業中

に単独になった分割試料は所属不明の試料となってしまう恐れがある．

　次にいよいよ顕微鏡下で最小単位の分割試料から全介形虫殻を摘出することになるが，一単位試料で200個体に達しないときにはもう一方の同量の試料を使う．それでも個体数が不足していたら，順次その倍量の試料を使う．抽出の途中で個体数がたとえ200個体を越えたとしても，作業を中止せずに単位試料の全介形虫殻を摘出する必要がある．それは摘出のために試料を摘出皿に散布する際（図4.31B），初めに球状のものや粗い粒子が，最後に扁平で細かい粒子が播かれるからである．したがって，摘出作業を中途で終了すると，粒径の粗い種類だけを選択的に摘出し，粒径の細かい種類を除外するような差別抽出をすることになる．

　このようにして分割試料から総計約200個体の介形虫殻を摘出することによって，各試料の単位重量当たりの介形虫産出量が算出できる．

> 　試料の分割法については研究者によってさまざまな方法が工夫されている．微化石用に作られた各種の小型試料分割器（micro spritter）も市販されているが，器具（金属製）に粒子が付着して落ちにくく，試料の混合を防ぐために，刷毛やブローワー（圧搾空気）などを使ってその都度掃除しなければならない．またこれらの器具は経験上かならずしも同量に分割されないことが多い．

4.2.4　介形虫化石の摘出（個体の摘出と整理）

　約200個体の介形虫殻を含む最小単位の試料ができたら，双眼実体顕微鏡下で摘出皿に播かれた試料の中から介形虫の殻を探し，細筆を使ってそれらを一つずつ拾い，整理用のスライドに集める．こうして集められた介形虫の個体群を基にして，はじめて分類同定の作業が始められるのである．

1）　摘出皿（picking tray）

　分割された最小単位の試料から双眼実体顕微鏡を使って介形虫殻のすべてを拾い残すことなく集めるには摘出用のトレイを用いる．後に説明するようなドイツ製の便利な有穴トレイが市販されているが，入手しにくいので，ここでは各人が自分専用のものを自作することを勧める．

　一時的には薄いマッチ箱の内箱のような紙製でもよいが，永久的に使えるよ

うに金属製の小さな薬箱の蓋（約 7×4×0.2 cm）などを利用するとよい（図4.31 A）．トレイの縁は落射照明装置からの斜光で陰になる部分を少なくするように，また試料が外にこぼれない程度の高さにヤスリで削り落とす必要がある．また内側のメッキを紙ヤスリで落としてから油性のマジックインキなどで黒く塗る．このようにすると黒地に播かれた白色の介形虫殻が検出しやすくなる．さらに，トレイの内面に針の先などで線引きして方眼をつくる．介形虫殻を拾うときの倍率は普通 20〜30 倍なので，一つの方眼が顕微鏡の視野に入る大きさ（4〜5 mm^2）が適当である．この方眼の入ったトレイの一方の端から順に拾っていけば，標本の拾い落としがなく定量ができる．さらに，トレイの逆方向からもう一度見直せば，完全を期することができる（このようにして砂粒の陰に隠れた個体を発見することが多々ある）．また方眼の縦と横の列に数字や記号を刻んでおくと，どこまで拾い終わったのかが知れて便利である．この標本を拾う作業は微化石の研究の中で最も疲れる仕事であるが，1 枚のトレイを拾い終わるまでは途中で休まない方がよい．中途で休憩したりすると，どこまで拾ったのかがわからなくなったり，トレイをひっくり返したりの事故に

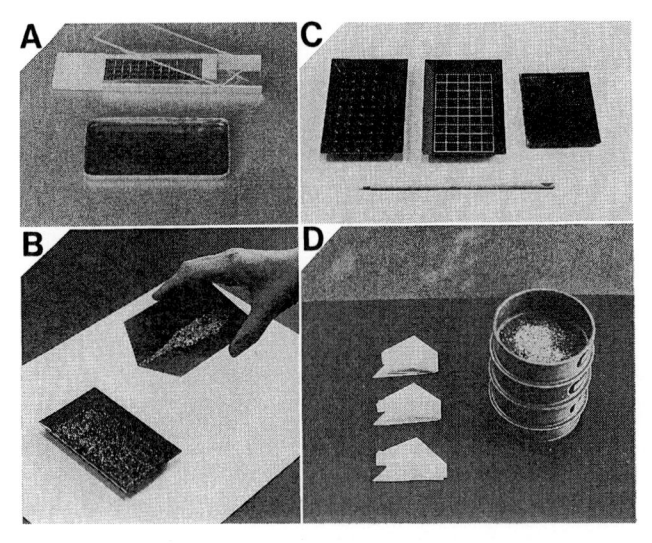

図 4.31 微化石摘出用の小道具．A：手作りの摘出皿と群集スライド，B：散布用のトレイにより抽出皿に試料を播く，C：各種の抽出皿と面相筆，D：小型の篩により試料の粒子を揃える．

つながる．

　トレイに試料を播く際，量が多かったり，また粒子が不揃いだったりするときには，いくつかの小型の篩（25, 50, 100メッシュ）に通して，あらかじめ粒子を揃えておくのも拾う能率を高める方法である（図 4.31 D）．試料の粒子が揃っていると，ほぼ同一サイズの介形虫殻を探せばよいので，顕微鏡の倍率や焦点を一定にしたまま作業することができる．試料の播き方は，これも自作の散布用トレイ（図 4.31 B）を使い，大きめの紙の上に摘出皿を置き，粒子が重なり合わない程度に薄く一様に散布するのがよい．この播き方如何が摘出作業の能率を左右する．周囲にこぼれた試料はもとに戻しておく．

　介形虫殻を拾い終わった試料は捨てずに薬包紙などに包んで保存しておく．後に堆積物の組成を調べたり，また他の微化石の研究に使うことができるからである．

　トレイに播かれた砂粒の間から介形虫殻を拾うには，水を浸した細筆（面相筆）（図 4.31 C）の先を顕微鏡下で介形虫殻に接触させ，毛先に吸い付けて釣り上げ（図 4.33 A），整理用のスライド（図 4.31 A）に移す．上手に拾うこつは筆先につける水の量にかかっている．すなわち，水が多すぎると周囲の砂粒まで一緒に吸い付けてしまい，また水が少なすぎると標本を弾き飛ばしてしまうことになる．これらの加減は実際に行ってみればすぐに体得できることである．

　ドイツでは微化石摘出用のトレイが市販されている（図 4.31 C）．その一つは先に自作したものと同じ形式であるが，もう一つは方眼の交点に穴の開いた円錐形の小さな瘤がついたものである（図 4.32）．このトレイを使うと，摘出作業は実に数倍も能率が上がるのである．その使い方は，細筆の毛を1本にして，その先を指先でこすってから介形虫殻に接触させる．こうすると皮膚の脂がわずかに毛先に付き，殻を一時的に釣り上げることができる．次

図 4.32　有穴摘出皿の拡大図

に毛先についた殻を近くの穴の中に落とす．殻を穴の内縁に触れさせると，殻が毛先から離れるというものである．このとき，有穴トレイの下に整理用スライドをセットしておくと，穴から落ちた標本がスライドの中に自動的に移される仕組みになっている（図4.33 B）．ただし，このような整理用スライドをセットするための木製の枠（図4.33 C）を自作する必要がある（プラスチック製は静電気が生じやすく，標本が枠に付着するので避けたほうがよい）．

これまでの方法では，一つの標本を摘出するたびごとに，(1)筆先に水をつける，(2)顕微鏡下で標本を釣り上げる，(3)標本をスライドに移すというように，3回も眼の焦点を変えなくてはならなかった．ところが，有穴トレイを使えば，1枚のトレイを終了するまで眼の焦点は一度も変更しなくてもよいこと

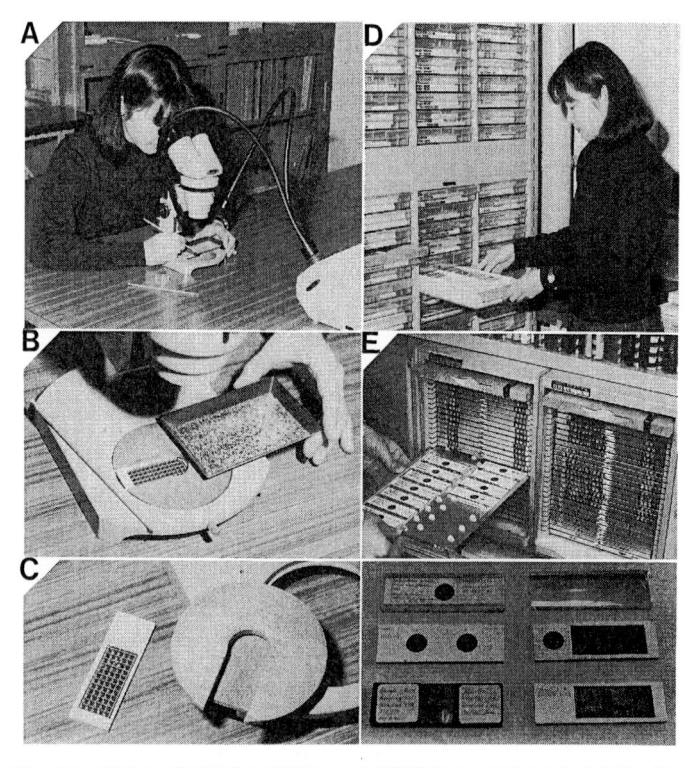

図4.33 微化石の摘出作業と整理法．A：顕微鏡下での介形虫の抽出作業，B：有穴トレイと整理用スライド，C：スライドを固定する枠，D：スライド整理用のプレートと整理用棚，E：整理タンスと各種の整理用スライド．

になり，眼の疲労も少なく摘出作業の能率も数倍高まるのである．

2) 双眼実体顕微鏡

介形虫殻の拾い出しと観察には落射光（照明装置）を用いた双眼の実体顕微鏡（解剖顕微鏡）が使われる．介形虫殻のサイズは普通1mm以下であるから，拾い出しには低倍率（10～30倍），観察には高倍率（100倍以上）が使われる．以下によく使われている顕微鏡の機種を紹介しておく．

> ＊日本光学（ニコン）： 1.6～132倍，対物レンズを交換しないで各倍率の連続像が得られる複ズーミング対物双眼式がある．
> ＊オリンパス光学： 6.3～160倍，各倍率が段階的に得られるターレット式がある．
> ＊ライツ（Leitz）： 6.3～320倍，実体顕微鏡では最高の倍率が得られる．
> ＊ウイルド（Wild）： 6.3～240倍，最も広い視野が得られる．携帯用もある．

落射照明は裸電球のスタンドでも代用できるが，専用の装置を使用することを勧める．トランスと投光器の独立したタイプが一般的であるが，鏡筒にハロゲンや蛍光灯照明が装備されたものがある．最近ではファイバースコープ型の投光器が普及しており，この2本の光源を持つ機種は思いどおりの照明ができる上に，熱も出ないので大変優れている（図4.33 A）．

3) 整理用スライド

拾い出された介形虫の標本は各種の整理用スライド（図4.33 E）に移して整理・保管する．これらのスライドはかなり古くから使われており，現在ではほぼ国際的な規格ができあがっている．大きさは生物実験で使うスライドグラス（25×75mm）と同一サイズで，表面の黒い厚紙に丸い穴または長四角にくり抜かれた厚紙を重ねて貼り合わせたものである．これらを自作してもよいが，市販されているものを使う方が手っ取り早い．市販品は標本を保護するためにデッキグラスを被せ，アルミニウムの枠に入れて固定してある．そのままでも埃を被らずに保管できるが，たくさんのスライドを整理する専用のプレートやケースも作られている（図4.33 D, E）．

> ＊単孔スライド（mono-slide）： 直径13mmの穴が一つ（二つのものもある）開いている．普通は模式標本などの大事な個体を一つ，または

副模式標本のように同一種を複数個体入れるのに使う．

＊群集スライド（faunal-slide）： 黒色台紙の内枠に60個の方眼 (4×12) が白線で印刷され，それぞれの方眼内に1〜60の番号が小さく打たれている．このスライド上には1試料の全個体（群集標本）を収納することができる．一つの方眼に1種類を管理すれば60種まで整理できる．また整理して並べれば，一つの方眼内に30〜50個の標本を収納することも可能である．

＊単孔スライドには，デッキグラスやアルミ枠を使わずにカバーグラスを差し込んだものもある．またスライド全体が黒のプラスチックでできたものも市販されているが，これは光が反射して標本を観察しにくいことと，標本の接着性が悪く，少しのショックで標本が分離してしまうのでよくない．ただし，後に述べる走査型電子顕微鏡用の標本を一時的に保存しておいたり，それらの標本をクリーニングするために使うのには便利である．

4） 標本の整理と保存管理

整理用スライド（ファウナルスライド）に集められた介形虫の殻はそのままでは未整理の上に不安定なので，粗分類をしながら接着剤でスライド上に固定しなければならない．この作業は，水を付けた細筆の先を使って一つ一つの標本をスライド上で転がしながら観察し，種類（グループ）ごとに方眼内に分配し，標本の向きなどを整えながら整理して並べ直すことである（図4.33 E）．このときすでに介形虫の分類作業は始まっているのである．

介形虫類の分類・同定には殻のあらゆる部分の観察が必要であり，そのために筆先を操作して観察したい部分を上向きにする必要がある．接着剤で固定された標本でも必要に応じて分離でき，同様の観察が可能な状態にしておかなくてはならない．この条件に叶った接着剤として，トラガカントガム（tragacanth gum）または木工用ボンドが使われている．

トラガカントは丸薬などの膠着剤に使われる半透明の水溶性精製澱粉で，その固形物が市販されている．これを糊状に湯で溶かし，防腐剤として数滴のホルマリンを加えたものが微化石用の接着剤として一般に使用されている．また最近では木工用ボンドを単に水で薄めたものを使っている．これらの溶液は小さなスクリュービンに保存しておき，必要時に薄めて使用する．

これらの接着剤は乾燥後も水を加えると溶ける性質があるので，いった

> んスライド上に接着固定された標本を再び分離することができる．またこれらの接着剤は半透明なので観察上の支障はない．ただし，走査電子顕微鏡での観察の際には，これらの糊をよく洗い落とさなくてはならない．さもないと小さなくぼみの部分に入り込んだ糊が表面装飾を覆い隠してしまうからである．

　一つ一つの標本を糊付けして方眼内に固定するのも大変な作業である．そこで能率化のために，未使用の整理用スライドにはあらかじめ接着剤をまんべんなく塗っておくとよい（接着剤が乾くともとのスライドと一見区別できないので注意する）．標本を拾ったり並べ替えたりするときに筆先の水が標本に付き，その水がスライド上の接着剤を溶かし，再びその水分が乾くときに標本は糊付けされることになる．このように糊付けされた標本を分離したいときは，筆先の水で標本の周囲を濡らすことによって接着剤を溶かすことができる．このような操作を何度も繰り返すと接着剤が薄まって粘着性が失われるので，そのときには接着剤を補充しなくてはならない．また接着剤の濃度には十分な配慮が必要である．濃すぎると標本がなかなか分離せず，薄すぎるとすぐ剥がれてしまうからである．

　これらの接着剤で固定した標本は長期間の保存に耐え，かなりのショックでも標本がはずれるようなことはない．保存標本の中にカビの生えたものを見ることがあるが，これらは水の代わりにおそらく唾液を用いたのではないかと思われる．よく筆を舐める人がいるが，唾液の付いた標本は数日のうちに確実にカビが生えるので注意しなければならない．

　これらの大切な標本は，スライドの余白に産地名や種名など必要最小限のデータを記入して保存し，常に検鏡できるように管理しておかなければならない．

4.2.5 介形虫類の分類

　一試料から摘出された200個体以上の介形虫群集は一つのファウナルスライドに集められ，粗分類されて種類（グループ）ごとに方眼内に整理されている．この介形虫群集の組成（種とその個体数）を明らかにするために，種の同定を行う．すでに粗分類の段階で殻形態に基づくおおまかな分類学的検討を行

っているわけであるが，ここでは個々の標本に種名を与え，群集組成表を完成させるまでの方法を解説する（介形虫類に関する詳しい解説は後に紹介する関連図書に譲ることにする）．

1）殻形態

介形虫類の殻（背甲）は内部の動物体の形態や機能，生理などの特徴を反映した多彩な構造を持ち，これらの殻に現れた形質は化石になっても失われずに保存される．ここでは化石を扱っているので，殻形態に基づく分類と種を同定する際の基準となる形態要素（各部の名称や特徴など）について解説する．

殻に現れる各種の形態には，介形虫類の特性として全ての分類群に共通する形質から各分類群ごとに異なる形質までさまざまである．同一種でも環境条件によっては異なった形態を示すことがあり，分類形質を評価する際には注意を要する．また，これらの形質には個体ごとに変異が存在することも念頭において観察すべきである．

殻の種類 海生の介形虫類は二枚貝に似た石灰質からなる左右2枚の殻を持つ．化石では合弁殻（carapaceまたはbi-valve）は少なく，離弁殻（valve）になったものが多い．この左右の殻は非対称なので注意を要する（図

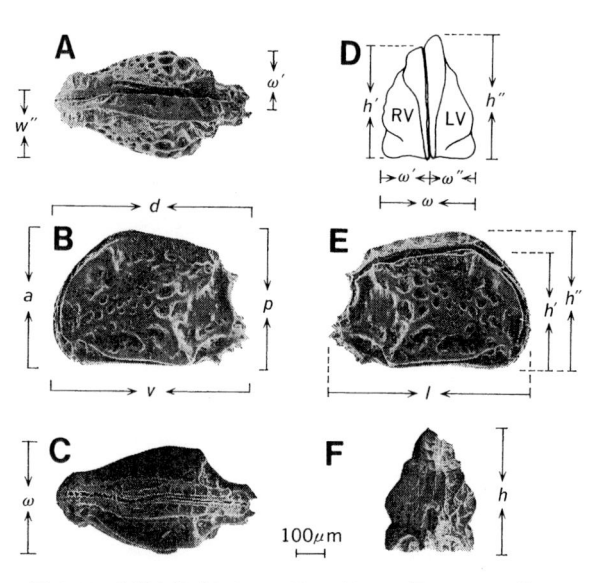

図 4.34 介形虫殻（*Robustaurila salebrosa* (Brady, 1869)）の外形
A：背視（dorsal view），B：左殻（LV）の側視（lateral view），C：腹視（ventral view），D：前視（anterior view），E：右殻（RV）の側視（lateral view），F：後視（posterior view），a：前縁部（anterior margin），p：後縁部（posterior margin），d：背縁部（dorsal margin），v：腹縁部（ventral margin），l：長さ（length），h：高さ（height）（h'＝右殻，h''＝左殻），w：幅（width）（w'＝右殻，w''＝左殻）．

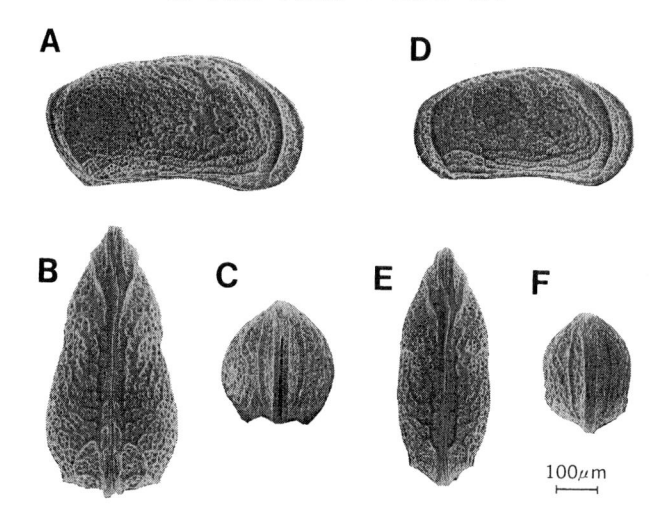

4.2 大桑層(更新統)での微化石の研究　　　111

図 4.35　介形虫殻の性的二型 (*Ishizakiella ryukyuensis* Tsukagoshi, 1994)
A：雌の右殻側視，B：雌の両殻背視，C：雌の両殻前視，D：雄の右殻側視，E：雄の両殻背視，F：雄の両殻前視．

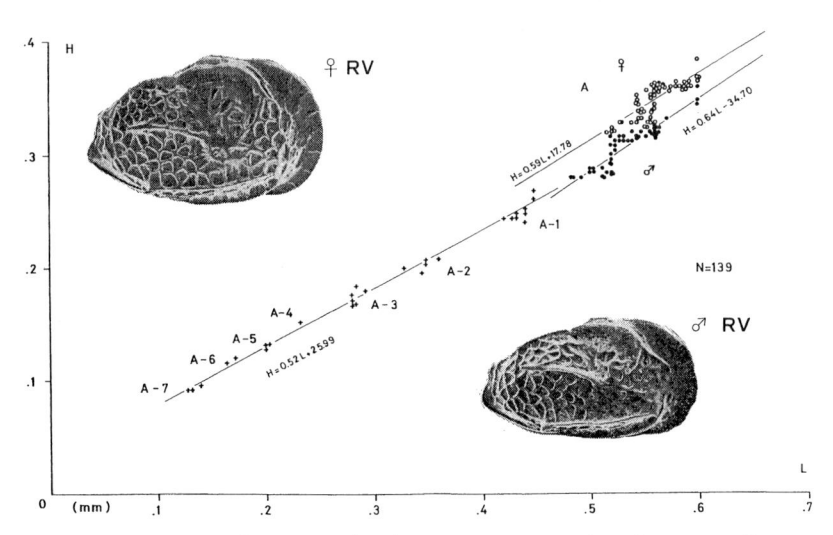

図 4.36　介形虫の各脱皮齢を示す殻 (*Spinileberis quadriaculeata* (Brady, 1880))
RV：右殻，L：殻長，H：殻高，N：計測個体数，♀：雌，♂：雄，A：成体，A-n：各幼体．

4.34). また多くの種類の殻形態に性的二型 (sexual dimorphism) が現れるので, 成体では雌 (female) 雄 (male) の殻を区別することができる (図4.35). さらに, 脱皮によって成長するために, 各脱皮齢の殻 (adult-n) を識別することができる (図4.36). したがって, 一つの種について, 成体 (adult) の雌雄, 各幼体 (juvenile) の脱皮齢 (molting stage), それらの合, 離弁殻 (左右殻) を標本ごとに区別しなければならない.

殻の外形　介形虫の殻には, 殻内にある動物体の体制と生息時の姿勢を基準にして, 前・後 (頭・尾), 上・下 (背・腹) などの方向が決められている. 左右の殻の区別は人の場合と同じで, 動物体自身から見た方向によって右側が右殻 (RV=right valve) また左側が左殻 (LV=left valve) となる. 両殻揃った完全標本を観察するときの正しい方向は, 腹縁部を水平に置いて前 (anterior), 後 (posterior), 左 (left lateral), 右 (right lateral), 背 (dorsal), 腹 (ventral) 側から見た6方向である (図4.34).

この図に示されるように左殻は右殻よりも大きく, また右殻に覆い被さっている. そして両殻の背縁での接合部は著しく右側に偏っている (背縁過等分 (overreach) と呼ぶ) ことがわかる (この逆の場合もある). このように多くの種は左右の殻が非対称になっている. この現象は後述するように, 2枚の殻が接続する背縁部の蝶番い (hinge) において, 一方の殻の歯 (tooth) を収めるためにもう一方の殻の歯槽 (socket) が大きく発達して背縁に蝶番い耳殻 (hinge ear) を形成するためである.

種の分類には殻全体の形状が重要な要素の一つとなっている. たとえば, (1) 側視 (lateral view) したときに殻の外縁 (outer margin=outline) が丸みを帯びているか角張っているか, (2) 前後視したときに腹縁が扁平か尖っているか, (3) 外縁部の特定の箇所に突起物やくぼみがあるかなどを詳細に観察する必要がある. 殻の外縁線 (marginal line) は4分割して, それぞれ前縁 (anterior margin), 後縁 (posterior margin), 背縁 (dorsal margin), 腹縁 (ventral margin) と区別されている (図4.34 B). 殻の計測値としては殻長 (length, 縁辺部に付属する刺などの装飾を除く), 殻高 (height, 左右殻で異なるので区別する), 殻幅 (width, 左右殻で異なるので区別し, それぞれの最大幅を測る) がよく使われる (図4.34).

性的二型も殻の外形に明瞭に現れることが多く,雌雄で大きさも異なる(雄が雌よりも大きい場合とその逆の場合もある).一般に雄の殻は細長く雌よりも殻幅が狭い.これに対して雌は殻高,殻幅ともに雄よりも大きい.特に雌の殻の後背部は卵を保有するために肥大していることが多い(図4.35 B).

殻の表面装飾 介形虫類の背甲(殻)の表面(external surface)には各種の表面装飾(surface ornamentation)が見られる.一見滑らかでなんの装飾もないように見える種類もあるが,拡大すると細かな模様(fine ornamentation)が見られ,また垂直毛細管(微小孔,normal pore canal)や小抗(foveolae)が開孔している(図4.37).これらの微細な装飾模様については後述するように走査型電子顕微鏡を用いて観察する.

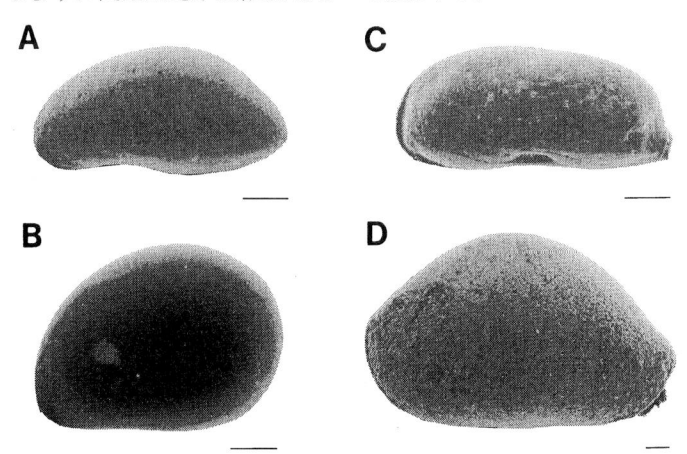

図4.37 殻の表面が滑らかな介形虫類(よく見ると細かな装飾模様が見える)
A:*Neopellucistoma inflatum* Ikeya & Hanai, 1982 (左殻), B:*Xestoleberis sagamiensis* Kajiyama, 1913 (左殻), C:*Pontocythere subjaponica* (Hanai, 1959) (左殻), D:*Neonesidea oligodentata* (Kajiyama, 1913) (左殻),スケールバーはそれぞれ100μmを示す.

多くの種類は顕著な装飾を持ち,それらの形態が分類上の重要な要素となっている.それらの主な形態要素をあげると次のようになる.

(1) 比較的大きな装飾構造物としては,殻の周囲をとりまく縁辺枠(mr:marginal rim),腹部に張り出した翼翅(ala),背後部に細長く突き出た尾道管(caudal process),前縁,背縁,腹縁に沿って延びる縁辺梁($m\,rd$:marginal ridge),殻中央部を横切る中央梁($med\,rd$:median ridge),

殻中央部から放射状に延びる放射梁（*r rd*: radial ridge）と同心円状に延びる円弧梁（*c rd*: concentric ridge）などがある（図4.38）．これらの枠や梁は側方伸張（lateral extension）と呼ばれ，殻の強度を保つ上で重要な役割を

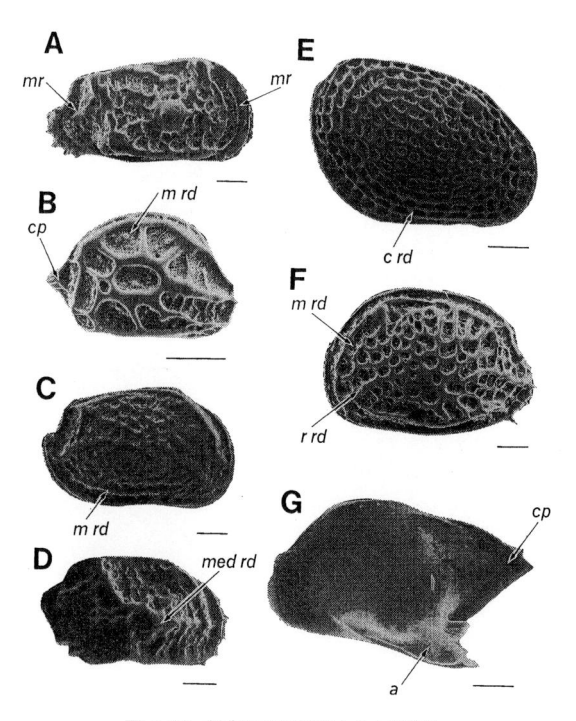

図4.38 殻表面の比較的大きな装飾物
A：*Cornucoquimba tosaensis*（*Ishizaki*, 1968）（右殻），B：*Hemicytherura kajiyamai* Hanai, 1957（右殻），C：*Aurila hataii* Ishizaki, 1968（右殻），D：*Schisocythere kishinouyei*（Kajiyama, 1913）（右殻），E：*Loxoconcha japonica* Ishizaki, 1968（右殻），F：*Aurila kiritsubo* Yajima, 1982（左殻），G：*Kobayashiina hyalinosa* Hanai, 1957（左殻），スケールバーはそれぞれ100μmを示す．*a*：翼翅（ala）（後腹部に緩い膨らみとして現れる場合は腫張（swelling）と呼ぶが，膨らみが著しい場合には腹縁線より外側に翼状に張りだす．これらの形態は泥底種に多く見られ，翼は橇（そり）のような役目をして軟らかい堆積物の表面を這っていると考えられている），*cp*：尾道管（caudal process）（この部分は両殻を閉じても後部に小さな穴が開口したままである．おそらく殻内に溜まった老廃物を外に放出する役目を持つと思われる）．

果たしている.

（2） 殻の背縁部を除く縁辺部に発達する葉縁（flange）の外縁端には，歯状（d：denticle），瘤状（t：tubercle），針状（s：spine），棍棒状（c：clavate spine）などの小突起が見られる（図4.39）.

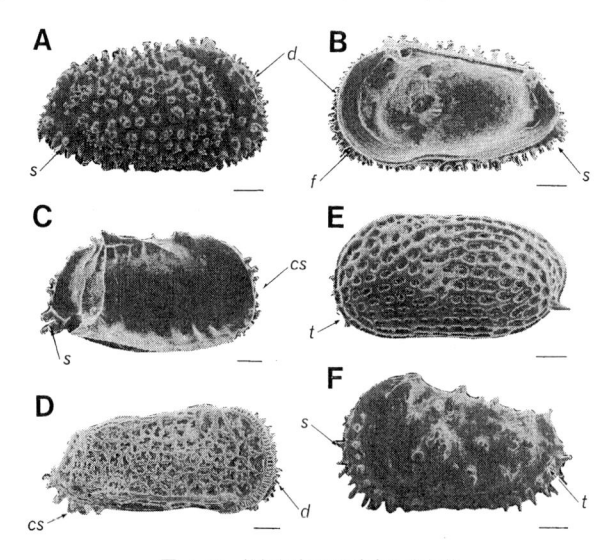

図4.39 殻縁辺部に発達する突起物
A：*Trachyleberis scabrocuneata*（Brady, 1880）（右殻），B：同内側，C：*Bradleya nuda* Benson, 1972（右殻），D：*Cletocythereis rastromarginata*（Brady, 1880）（右殻），E：*Bicornucythere bisanensis*（Okubo, 1975）（左殻），F：*Actinocythereis kisarazuensis* Yajima, 1978（左殻），スケールバーはそれぞれ100 μmを示す．f：葉縁（flange）（外殻の先端部が発達したもので，殻周縁部を縁取るように各種の突起状装飾が現れる）．

（3） 殻の全表面に発達する装飾としては，細壁（murus）と小窩（fossa）から構成される網状装飾（reticulation）や円い小さな窪みの斑紋（punctae）が多くの種類に見られる（図4.40）.

（4） その他の特異な形質としては，前背縁部に小さく隆起する眼瘤（eye tubercle），背縁中央部から縦に比較的大きな窪みとして示される陥没溝（sulcus），中央部に膨らみとして現れる亜中央瘤（subcentral tubercle），比較的大きな瘤（node）や刺（spine），乳頭状の突起（papilla）などである（図4.41）.

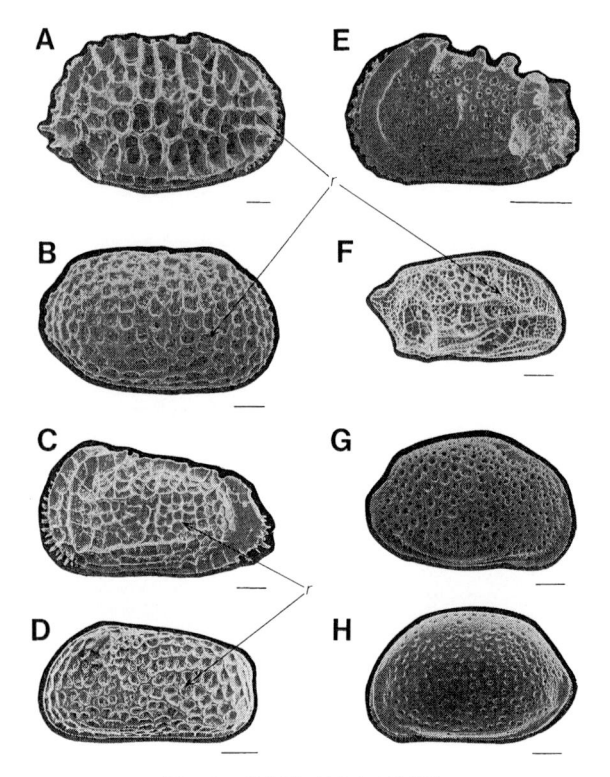

図 4.40 殻全面に見られる装飾物
A：*Bradleya* sp.（右殻），B：*Pistocythereis bradyi*（Ishizaki, 1968）（右殻），C：*Trachyleberis niitsumai* Ishizaki, 1971（左殻），D：*Yezocythere hayashii* Hanai & Ikeya, 1991（左殻），E：*Abrocythereis guangdongensis* Gou, 1983（左殻），F：*Semicytherura yajimae* Ikeya & Zhou, 1992（右殻），G：*Aurila uranouchiensis* Ishizaki, 1968（右殻），H：*Cythere japonica* Hanai, 1959（左殻），スケールバーはそれぞれ 100 μm を示す．r：網状装飾（reticulation）（大きな網目の中に二次的な小さな網目模様（secondary reticulation）が形成されることがある）．

殻の内側形態　殻の内側表面（internal surface）にも多くの重要な分類形質が存在する（図 4.42）．それらは次のようなものからなる．

（1）蝶番い（hinge）：　左右の殻は背縁部で接合し，二枚貝のようにキチン質の靱帯（ligament）で結合している種類もあるが，多くは石灰化した蝶番い構造を持っている．これらの構造は単純なものから複雑なものへと分化す

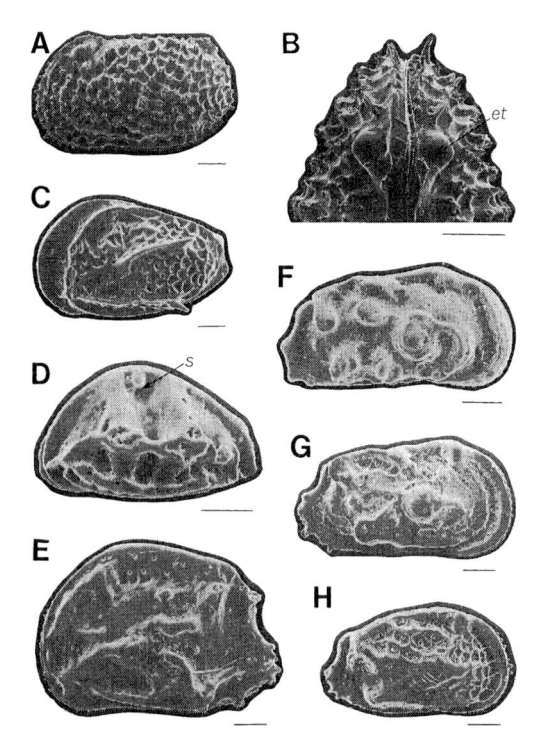

図 4.41 殻表面の特異な装飾物
A：*Pistocythereis bradyformis* (Ishizaki, 1968)（左殻），B：同両殻（前部背視），C：*Spinileberis quadriaculeata* (Brady, 1880)（左殻），D：*Hanaiborchella triangularis* (Hanai, 1970)（左殻），E：*Robustaurila kianohybrida* (Hu, 1982)（左殻），F：*Cornucoquimba rugosa* Ikeya & Hanai, 1982（右殻），G：*Cornucoquimba gibba* (Hu, 1976)（右殻），H：*Ambostracon ikeyai* Yajima, 1978（右殻），スケールバーはそれぞれ 100μm を示す．*et*：眼瘤（eye tubercle）（動物体の複眼の位置に眼を保護すると同時にレンズの役目をする瘤のような膨らみが殻表面に現れることが多い．ただし深海性種はこれを欠いている），*s*：陥没溝（sulcus）（殻は閉殻筋の収縮によって閉じられるが，その筋肉の付着部分が内側に撓むことがある）．

る傾向があり，分類上きわめて重要な形質の一つとして細かな構成要素に分けられている（図 4.43）．蝶番い構造は成長に伴って変化し，成熟殻になって初めて種の特徴が完成する．すなわち，同一種でも幼体殻は単純な構造の単歯型

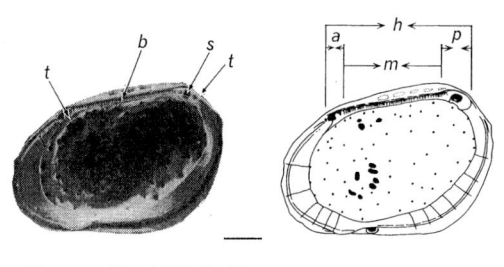

図 4.42 殻の内側形態（*Loxoconcha japonica* Ishizaki, 1968）
スケールバーは 100 μm を示す．各部分の名称は図 4.43 に同じ．

(adont) なのに成体殻は複雑な分歯型（さらに細分されている）に変化することがあるので，分類に際しては成体殻のみの形態に基づかなければならない．また左右殻の大小が種によって逆転している場合があるが，この場合には蝶番い構造もまた反転している．

（2）筋痕（muscle scars）： 殻を閉じるための筋肉や付属肢を動かすための筋肉が殻の内側に付着していた部分に痕跡として残される．殻の中央よりやや前腹部に，斑点状に盛り上がって観察されるいくつかの筋痕は，大顎痕（mandibular scars）および中央筋痕（central muscle scars）と呼ばれ，中央筋痕はさらに前頭筋痕（frontal muscle scar）と閉殻筋痕（adductor muscle scars）とに分けられている．殻の背縁部に散点的に見られる小さな斑点は背縁筋痕（dorsal muscle scars）と呼ばれ，動物体の各器官を殻の背部から吊り下げている筋肉の付着痕である．これらの筋痕の形態やその配列の仕方は分類群ごとに異なっている（図4.44）．新しい系統の分類

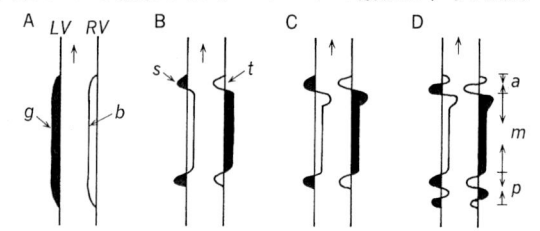

図 4.43 蝶番い構造（基本的には 4 型に分けられ，それぞれの型の棒状突起や歯の形態も滑らかなものから複雑なものまで多様に分化している）
A：単歯型（adont）（小さい方の殻の背縁に沿って発達した耳縁（selvage）と呼ばれる棒状突起（bar）が，対応する大きい方の殻の背縁にできた細長い溝（contact furrow=groove）にはまり込む），B：分歯 M 型（merodont）（小さい方の殻の前・後端部に発達した歯（tooth）が，対応する大きい方の殻の歯槽（socket）にはまり込む），C：分歯 A 型（amphidont）（中央要素の棒状突起（median bar）前端部に歯が発達する），D：分歯 G 型（gongylodont）（歯の部分がさらに分化して，前端部の歯の前部と後端部の歯の中央に歯槽が発達する）．g：溝（groove），b：棒状突起（bar），s：歯槽（socket），t：歯（tooth），a：前方要素（anterior element），m：中央要素（median element），p：後方要素（posterior element），LV：左殻，RV：右殻．矢印は殻の前方を示す．

群では，閉殻筋痕は四または五つを基本（それぞれがさらに二ないし三つに分かれることがある）とし，それらが殻の中央部分から腹縁に向かって縦に並ぶ．前頭筋痕も基本的には一つであるが，二ないし三つに分割されたりⅤ字型に変形していることがある．大顎痕は中央筋痕の前腹部に二つあり，大顎を支える2本のキチン質からなる支柱が付着していた部分である．また中央筋痕の間または背部に大顎支点（fulcral point）と呼ばれる突起物が認められることがある．この突起物は咀嚼するときに大顎の肢節基部が殻に接する部分である．以上のような各種の筋痕は観察しにくい殻の窪みの部分に存在するので，それらのすべてを確認することはむずかしい．

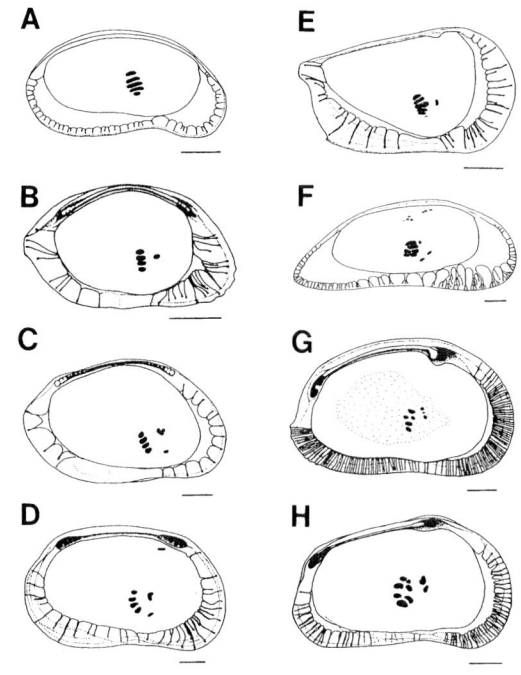

図 4.44 多様な形態を示す筋痕と縁辺毛細管
A : *Sclerochillus*, B : *Hemicytherura*, C : *Cytheropteron*, D : *Cythere*, E : *Pseudocythere*, F : *Paracypris*, G : *Aurila*, H : *Hemicythere*.

以上の殻形態の観察は主として落射光を用いた双眼実体顕微鏡下で行う．標本は水をつけた筆先を使って観察する部分を上向きに整え，倍率や光の強弱を変えることによって細かな形態を観察することができる．また光の当て方によっては，光が石灰質の殻を透過して表面の細かな形態を観察しにくいことがある．このようなときは料理用の染料（各種の色が市販されている）を水で薄めて観察部分に塗るとよい．染料は装飾部のへこみに溜まり，細かな形態を色の濃淡で捕らえることができる．この染料は水に溶けるので，消すこともまた別の色にすることも自在である．

（3） 縁辺毛細管（marginal pore canales）: 蝶番い部を除く殻の周縁に沿って発達した内殻と外殻の接合部には，垂直毛細管と同様の機能を持つ縁辺毛細管が放射状に発達している．これらの形態は単純なものから途中で枝分かれするものまで多様であり，またその数も分類群によってさまざまに分化している（図4.44）．縁辺毛細管は外殻と内殻の間に存在するので，殻の表面には現れない．したがって，実体顕微鏡では観察できないので，透過光による生物顕微鏡を用いる必要がある（図4.45）．標本をホールスライドグラス上に移し，グリセリンまたは流動パラフィン液中で観察する（水ではすぐに乾燥してしまうので，観察時間が短くなってしまう）．観察後の標本をエタノールで洗っておくことも大切である．

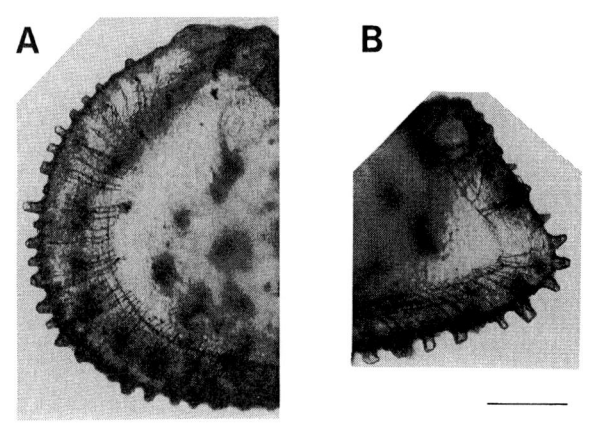

図 4.45　*Trachyleberis scabrocuneata*（Brady, 1880）における右殻の縁辺毛細管（透過光による顕微鏡写真）
A：前縁部，B：後縁部，スケールバーは 10μm を示す．

（4） 殻の微細な装飾と構造: 通常の種分類には低倍率の実体顕微鏡でも十分であるが，殻の微細な装飾や構造を観察するにはどうしても電子顕微鏡に頼らなければならない．最近では簡易型の機種が教育機関にも普及しているので，これを用いることを是非勧めたい．ここでは電子顕微鏡の装置や原理，操作法などは省略し，これらによって観察される2, 3の装飾を紹介する（図4.46, 4.47）．

　　走査型電子顕微鏡（SEM: scanning electron microscope）は電子線で試料の表面を走査し，発生した二次電子によって立体像を得るので，低倍

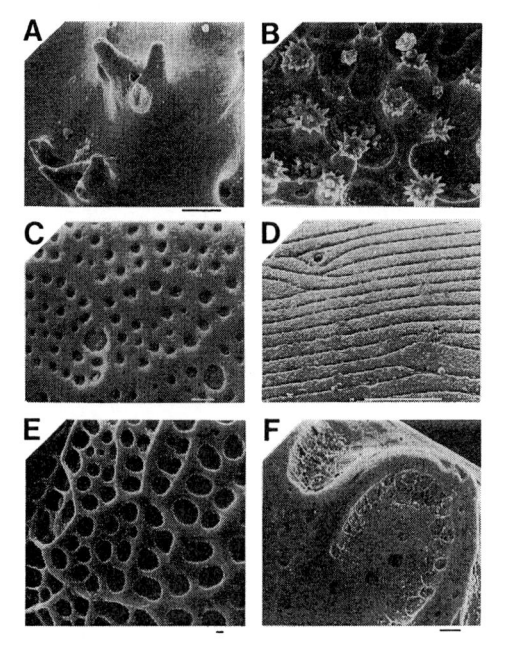

4.2 大桑層（更新統）での微化石の研究　　　　121

図 4.46　殻表面の微細な装飾
A：*Trachyleberis scabrocuneata*（Brady, 1880），
B：*Wichmannella* sp., C：*Semicytherura* sp., D：
Microcythere sp., E：*Semicytherura* sp., F：
Cytherelloidea munechikai Ishizaki, 1968, スケール
バーはそれぞれ 10 μm を示す．

率でも実体顕微鏡よりはるかに鮮明な形態を観察することができる（本書
に図示された介形虫のすべての写真は走査型電子顕微鏡によって撮られた
ものである）．10～10 万倍まで拡大できる．
　透過型電子顕微鏡（TEM：transmission electron microscope）は試料
を透過した電子線の分布を結像したもので 100 万倍までの拡大が可能であ
る．

関連図書

　介形虫類の種分類（同定または鑑定）に際しては，本来ならすでに系統的な
分類基準ができていて，検索表にしたがって順次分類していけば種の同定まで
たどり着けるというのが理想的である．しかし，残念ながら現段階では介形虫

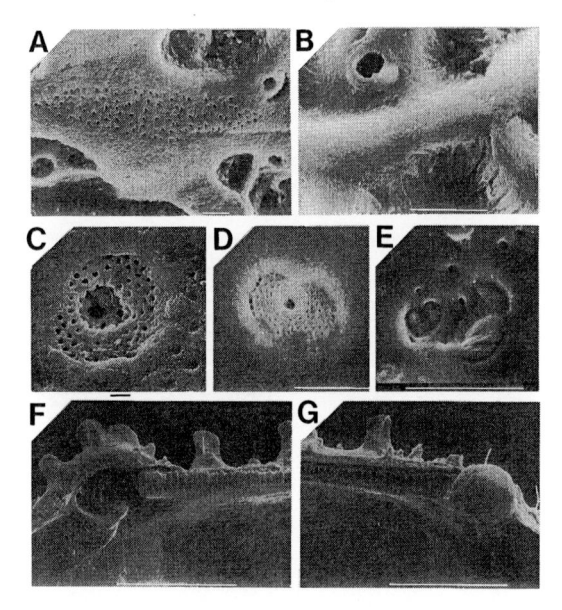

図 4.47 殻表面に見られる垂直毛細管と殻内表面に見られる筋痕および蝶番い
A:*Heterocythereis* sp., B:*Finmarchinella* sp., C:*Paracytheridea bosoensis* Yajima, 1978, D:*Krithe sawanensis* Hanai, 1959, E:*Trachyleberis straba* Frydl, 1982, F:*Trachyleberis sejongi* Lee, 1990 (左殻), G:同 (右殻), スケールバーは $10\,\mu\mathrm{m}$ (A~D) と, $100\,\mu\mathrm{m}$ (E~G) をそれぞれ示す.

類の分類はそこまでに至っていない.したがって,個々の標本に種名を与えようとするならば,これまでに記載されたすべての種と一つ一つ照らし合わせなければならない.これまでに解説してきた各種の形態要素を基準にして,既知種の図や写真,記載文と比較対照して種の同定を行う.さらに残念なことには日本産の種が網羅された手頃な図鑑類も未だ出版されていないので,直接原著論文に当たらなければならない.以下に参考になると思われる主な関連図書と原著文献を紹介しておくので参考にされたい.

介形虫類を解説した図書

1) 石崎国熙 (1976):9.貝形虫類.pp.1-53, pls.1-5, 浅野　清編:微古生物学 (下巻),朝倉書店,東京,190p.
   [介形虫類の全般を詳しく解説し,主な目,科,属の特徴があげられている]

2) 池谷仙之 (1982)：新生代甲殻類（介形虫）．pp. 374-379, pls. 187-189, 藤山家徳・浜田隆士・山際延夫監修：日本古生物図鑑，北隆舘，東京，574 p.
[日本産の主な種（39 種）が図示されている]

3) 大久保一郎 (1992)：I. Phylum Arthropoda 節足動物門, Subclass Ostracoda Latreille, 1806 カイムシ亜綱．pp. 98-125, 水野寿彦・高橋永治編：日本淡水動物プランクトン検索図説，東海大学出版会，東京，556 p.
[日本産の淡水および汽水生種（23 属，44 種）について，スケッチとともに属，種の特徴が解説されている]

4) 池谷仙之・山口寿之 (1993)：進化古生物学入門―甲殻類の進化を追う―，東京大学出版会，148 p.
[介形虫類を解説するとともに，介形虫を素材としたさまざまな研究例が紹介されている]

5) Moore, R. C. (ed.) (1961)：Ostracoda in Treatise on Invertebrate Paleontology, Part Q-Arthropoda 3-Crustacea-Ostracoda, Geological Society of America and University of Kansas Press, Lawrence, Q 442 p.
[最も権威ある解説書として，また属レベルまでの分類書として現在でも世界中で広く使われている．しかし，出版後 30 年余の間に属数も 3 倍近く増加しているので，近く改訂されることになっている]

6) Van Morkhoven, F. P. C. M. (1962)：Post-Paleozoic Ostracoda. Their Morphology, Taxonomy and Economic Use, Elsevier Publishing Company, Amsterdam, vol. I. General, 204 p.; vol. II. Generic Description, 478 p. (1963).
[Treatise とともに介形虫類の優れた解説書として広く使われている．またこれまでに提唱されたすべての属に言及した詳しい分類は他書に類を見ない]

種分類に関する文献

1) Hanai, T., Ikeya, N., Ishizaki, K., Sekiguchi, Y. and Yajima, M. (1977)：Checklist of Ostracoda from Japan and its Adjacent Seas, University of Tokyo Press, 110 p., 4 pls.

[1976 年までに知られている日本産のすべての介形虫 368 種について,分類学的に再検討されたチェックリストである]

2) Hanai, T., Ikeya, N. and Yajima, M. (1980) : Checklist of Ostracoda from Southeast Asia, University of Tokyo Press, 236 p.

[これまでに知られている東南アジア地域のすべての介形虫について,分類学的に再検討されたチェックリストである]

3) Kempf, E. K. (1986) : Index and Bibliography of Marine Ostracoda. Geologisches Institut der Universitat zu Koln Sonderveroeffentlichungen, vols. 35-38, Part 1-4.

[これまでに提唱された世界中の介形虫類のすべての属と種について,それらの出典をリストアップしたものである]

チェックリスト以降の種分類に関する主な文献

1) Bodergat, A. M. and Ikeya, N. (1988) : Distribution of Recent Ostracoda in Ise and Mikawa Bays, Pacific Coast of Central Japan. In Hanai, T. et al. (eds.) : Evolutionary Biology of Ostracoda, its Fundamentals and Applications, Kodansha & Elsevier, pp. 413-428.

2) Cronin, T. M. and Ikeya, N. (1987) : The Omma-Manganji ostracode fauna (Plio-Pleistocene) of Japan and the zoogeography of circampolar Species. *Jour. Micropalaeontology*, **6**(2), 65-88.

3) Frydl, P. M. (1982) : Holocene ostracods in the southern Boso Peninsula. *Univ. Mus., Univ. Tokyo, Bull.*, **20**, 61-140, 257-272, pls. 8, 9.

4) Hanai, T. and Ikeya, N. (1991) : Two newgenera from the Omma-Manganji ostracode fauna (Plio-Pleistocene) of Japan-with a discussion of theoretical versus purely descriptive ostracode nomenclature. *Trans. Proc. Palaeont Japan*, N. S., No. 163, 861-878.

5) Ikeya, N. and Hanai, T. (1982) : Ecology of Recent Ostracods in the Hamana-ko region, the Pacific coast of Japan. *Univ. Mus., Univ. Tokyo, Bull.*, **20**, 15-59, 257-272, pls. 1-7.

6) Ikeya, N. and Itoh, H. (1991) : Recent Ostracoda from the Sendai Bay region, Pacific coast of northeastern Japan. *Rep. Fac. Sci., Shizuoka Univ.*, **25**, 93-145.

7) Ikeya, N. and Suzuki, C. (1992) : Distributional patterns of ostracodes off Shimane Peninsula, southwestern Japan Sea. *Rep. Fac. Sci., Shizuoka Univ.*, **26**, 91-137.

8) Ikeya, N., Zhou, B. and Sakamoto, J. (1992) : Modern ostracode fauna from Otsuchi Bay, the Pacific coast of northeastern Japan. In Ishizaki, K. and Saito, T. (eds.) : Centenary of Japanese Micropaleontology, Terra scientific Publ. Comp., Tokyo, pp. 339-354.

9) Irizuki, T. (1993) : Morphology and taxonomy of some Japanese Hemicytherin Ostracoda-with particular reference to ontogenetic changes of marginal pores. *Trans. Proc. Palaeont. Soc. Japan*, N. S., No. 170, 186-211.

10) Ishizaki, K. and Kato, M. (1976) : The basin development of the Diluvium Furuya Mud Basin, Shizuoka Prefecture, Japan, based on faunal analysis of fossil ostracodes. In Takayanagi, Y. and Saito, T. (eds.) : Progress in Micropaleontology, Micropaleontology Press, New York, pp. 118-143, pls. 1-4.

11) Ishizaki, K. (1981) : Ostracoda from the East China Sea. *Tohoku Univ., Sci. Rep.*, 2 nd ser. (Geol.), **51**(1-2), 37-65.

12) Ishizaki, K. (1983) : Ostracoda from the Pliocene Ananai Formation, Shikoku, Japan-Description. *Trans. Proc. Palaeont. Soc. Japan*, N. S., No. 131, 135-158, pls. 28-35.

13) Nohara, T. (1987) : Cenozoic ostracodes of Okinawa-Jima. *Univ. Ryukyus, Coll. Educ., Bull.*, No. 30, part 3, 1-105.

14) Okada, Y. (1979) : Stratigraphy and Ostracoda from Late Cenozoic strata of the Oga Peninsula, Akita Prefecture. *Trans. Proc. Palaeont. Soc. Japan*, N. S., No. 115, 143-173, pls. 21-23.

15) Okubo, I. (1980) : Six species of the subfamily Cytheruninae Mueller, 1894, in the Inland Sea, Japan. *Publ. Seto Marine Biol. Lab.*, **25**(1/4), 7-26.

16) Okubo, I. (1980) : Taxonomic studies on Recent marine Podocopid

Ostracoda from the Inland Sea of Seto. *Publ. Seto Marine Biol. Lab.*, **25**(5/6), 389-443.

17) Tabuki, R. (1986): Plio-Pleistocene Ostracoda from the Tsugaru Basin, north Honshu, Japan. *Univ. Ryukyus, Coll. Educ., Bull.*, No. 29, Part 2, 27-160.

18) Tsukagoshi, A. and Ikeya, N. (1987): The ostracod genus Cythere O. F. Mueller, 1785 and its species. *Trans. Proc. Palaeont. Soc Japan*, N. S., No. 148, 197-222.

19) Tsukagoshi, A. (1994): Natural history of the brackish-water ostracode genus Ishizakiella from east Asia: evidence for heterochrony. *Jour. Crustacean Biol.*, **14**(2), 295-313.

20) Wang, P. et al. (1988): Foraminifera and Ostracoda in bottom sediments of the East China Sea, Marine Science Press, Beijin, 438p.

21) Yajima, M. (1978): Quaternary Ostracoda from Kisarazu near Tokyo. *Trans. Proc. Palaeont. Soc. Japan*, N. S., No. 112, 371-409, pls. 49, 50.

22) Yajima, M. (1982): Late Pleistocene Ostracoda from the Boso Peninsula, central Japan. *Univ. Mus., Univ. Tokyo, Bull.*, **20**, 141-227, 257-272, pls. 10-15.

23) Yajima, M. (1987): Pleistocene Ostracoda from the Atsumi Peninsula, central Japan. *Trans. Proc. Palaeont. Soc. Japan*, N. S., No. 146, 49-76.

24) Yajima, M. (1992): Early Miocene Ostracoda from Mizunami, central Japan. *Mizunami Fossil Mus., Bull.*, No. 19, 247-267.

4.2.6 古環境解析

古環境解析とは，ある地層が堆積したときのその堆積場における海洋環境を復元することである．具体的には，(1)地理（地形）的にどのようなところだったのか，(2)どのくらいの水深だったのか，(3)表層部や底層部の水温は何度くらいだったのか，(4)どのような海流系の影響下にあったのか，(5)低層流な

ど水流の強さはどのくらいだったのか，(6)塩分濃度や溶存酸素はどのくらいだったのかなど，地層（堆積物や化石）から過去の環境要素を読み取ることである．ここでは介形虫類を用いて大桑層が堆積した水深と水温とを推定する方法を解説する．

1) 原　理

　海洋生物の生息分布を規制しているのは海洋の各種生物・物理・化学的環境条件の複合的要素であることはいうまでもないことである．造礁サンゴが透明度の高い熱帯水域に分布し，昆布が寒帯域の岩礁地に生育するように，生物種はそれぞれの海洋環境に適応した独自の生息分布域をもっている．中でも海洋生物の生息分布要因の一つとして水温が重要視されるのは，生物が生命を維持するための各種の生理作用が体内物質の化学反応で起こり，その反応の多くが温度に依存していると考えられるからである．そして古環境解析で古気候や古水温の推定に古生物を「生物温度計」として用いるのは，このような生物の温度的特性を利用しているのである．

　化石として保存された硬組織（石灰質殻）などの元素組成や同位体組成から，それらが生物体内で形成されたときの温度条件を物理・化学的に直接推定する方法もあるが，ここでは生物種の環境適応に基づく現考古生物学的な解析法を解説する．

> 　現考古生物学とは，「現在は過去の鍵である」という言葉で表される斉一説（uniformitarianism）または現行説（actualism）に基づく考え方を古生物に拡張したものである．すなわち，地質時代に生じた現象は，基本的には現在見られる現象と同一の原理にしたがって生じたのであるから，現在の現象を明らかにすることによって地質時代を解明する手がかりを得ることができるとするものである．しかし，生物は絶えず環境との相互作用によって進化していると考えられるので，厳密には同一種でも過去と現在では環境に対する適応の範囲が異なっているはずである．したがって，この手法を古生物に適用するには分解能や精度において自ずから制限があることを念頭におくべきである．

　生物は種ごとに温度に対する適応範囲があると考えられるので，種の地理的分布をまず初めに調べることが重要である．事実，これまでに明らかにされた生物地理区は気候帯に対応していることが多く，環境条件として温度が重要な

要素となっている．したがって，生物の温度に対する反応を指標として，過去の生物に適用しようとするものである．

介形虫類は貝類と同じようにその大部分が底生種からなり，個々の環境要素に鋭敏な生物であるために，その分布も地域性に富んでいる．したがって「示準化石」として地層の広域対比にはあまり有効性を発揮できないが，「示相化石」として個々の種が生息する環境要素を抽出するのに適している．ある種の現生における生息地や分布域の無機的環境や生物相互の関係を詳しく調べることによって，その種の環境への適応範囲を知ることができる．そして，その種の適応範囲が過去においてもほぼ同じであったという仮定に基づいて，同種が産出した地層の堆積時の海洋環境を類推するのである．この類推に使われる種類数が多ければ多いほど解析の精度が高くなるので，特定の種に基づくよりも群集単位で解析されることが多い所以でもある．

微化石は貝類のように自生と他生をはっきりと区別することができないので，そこに確かに生息していたという証拠を示すことはむずかしい．海底の表層堆積物中に含まれる介形虫類は，そこに生息していたもののほかに堆積粒子とともに周辺部から運搬されたものを含んでいる．したがって，地層中の微化石は，現地性の生体群集と異地性の遺骸群集が混合したものが，さらに化石化作用を経た後に化石群集として地層中に保存されたものである．このような性質を持っている化石に基づく古環境解析では堆積作用も含めて考察する必要がある．

2) 現生アナログ法

現生アナログ（analogue）法とはまさに現考古生物学的手法のことである．具体的にある地層のある層準がどのような環境下で堆積したのかを知る方法として，そこに含まれる化石群集と最もよく類似する現生の群集を探し出し，その現生の群集が存在する海洋環境を過去の堆積環境に適用するのである．微化石群集は前にも説明したように，現地性種と異地性種を区別することはむずかしい．現地性の群集に周辺から堆積物とともに運搬されてきた遺骸群集が加わったいわゆる混合群集が化石群集であるから，貝類のように現地性種だけを取り出して現生種の生息分布域を当てはめる方法はとれない．しかし，このことは逆の意味で微化石群集による解析を有利にしている面もある．すなわち，現

在の海洋域において，個々の種に対する生息分布はほとんど調べられていないし，またこれを調べることは並大抵のことではないので，特に現地性種や生体群集のみにこだわる必要はない．ある海底に現在存在している群集（生体と遺骸の混合群集）がやがて化石群集になると考えればよいのである．したがって，現在の海底表層堆積物中に含まれる介形虫群集の組成がそのまま化石群集と比較されることになる．この方法を用いて日本列島の古環境を解析するには日本周辺海域における現生介形虫群集のできる限り大きなデータベースを必要とする．

> 現生介形虫群集のデータベースは，日本列島を取り巻く海域（主として200m以浅の大陸棚および同斜面）から得られた数100地点の底質表層試料が用いられている．実際には，それらの中から介形虫個体（片方の殻を1個体と数える）を100以上含むことを基準として，海域が偏らないように選別された273地点のサンプル群からできている．これらのサンプル群はサンプルを得たところの地形と水深とによって機械的に次の四つの海域にまとめられている．(1)湾域（湾口が狭く，外洋から半ば閉ざされた海域），(2)沿岸域（湾口部を含む水深20m以浅の外洋の影響を直接受ける海域），(3)上・中部大陸棚域（水深20〜70mの海域），(4)下部大陸棚から上部大陸斜面域（水深70〜300mの海域）である．さらに，これらのサンプル群は日本列島を取りまく海流系に基づく六つの海域に区分されているので，これらのデータベースを利用するときにはあらかじめ類似すると考えられる海域や海流系ごとの解析も可能である．
>
> これらの各サンプルは採集地点（経度，緯度）とその水深がすでにわかっているので，海洋環境図（海洋資料センター編，1978）から読み取った夏と冬の平均の底水温が示されている．そして各サンプルにおける介形虫種が同定され，群集組成表（種ごとの産出頻度表）が作成されている．この群集組成表は日本の新第三紀層から豊富に出現する種を基本として，分類学的にもよく検討されている225種からなる（表4.2）．ここで現生アナログ法を適用するためには，化石群集の中に絶滅種が含まれていないことが条件となるが，幸いなことに新第三紀の介形虫類はそのほとんどが現生種から構成されている（絶滅種はたったの1％以下である）ので，この方法が適用できるのである．
>
> これらの現生介形虫群集のデータベースはアメリカ内務省地質調査所のコンピューター・ワークステーション（geochange. er. usgs. gov）に登録されているので，誰でも随時これを引き出して使用することができる．

表 4.2 現生介形虫群集のデータベ

1) *Abrocythereis guangdongensis* Gou, 1983
2) *Acanthocythereis dunelmensis* (Norman, 1865)
3) *A. munechikai* Ishizaki, 1981
4) *A. mutsuensis* Ishizaki, 1971
5) *Actinocythereis kisarazuensis* Yajima, 1978
6) *A. scutigera* (Brady, 1868)
7) *Alcopocythere goujoni* (Brady, 1868)
8) *Ambocythere* sp.
9) *Ambostracon ikeyai* Yajima, 1978
10) *Ambtonia obai* (Ishizaki, 1971)
11) *Amphileberis nipponica* (Yajima, 1978)
12) *Argilloecia hanaii* Ishizaki, 1981
13) *Aurila corniculata* Okubo, 1980
14) *A. cymba* (Brady, 1869)
15) *A. hataii* Ishizaki, 1981
16) *A. kiritsubo* Yajima, 1982
17) *A. uranouchiensis* Ishizaki, 1968
18) *Baffinicythere* cf. *howei* Hazel, 1967
19) *B. emarginata* (Sars, 1865)
20) *Bicornucythere bisanensis* (Okubo, 1975)
21) *Bradleya* spp.
22) *Buntonia hanaii* Yajima, 1978
23) *Bythoceratina hanaii* Ishizaki, 1968
24) *B. orientalis* (Brady, 1869)
25) *B. paiki* Whatley & Zhao, 1987
26) *B.* spp.
27) *Bythocythere maisakensis* Ikeya & Hanai, 1982
28) *Bythocytheropteron alatum* Whatley & Zhao, 1987
29) *Callistocythere alata* Hanai, 1957
30) *C. asiatica* Zhao, 1984
31) *C. ishizakii* Ikaya & Zhou, 1991
32) *C. japonica* Hanai, 1957
33) *C. nipponica* Hanai, 1957
34) *C. reticulata* Hanai, 1957
35) *C. rugosa* Hanai, 1957
36) *C. subjaponica* Hanai, 1957
37) *C. tateyamaensis* Frydl, 1982
38) *C. undata* Hanai, 1957
39) *C. undulatifacialis* Hanai, 1957
40) *Cathetocytheretta apta* Guan, 1978
41) *Caudites exmouthensis* Hartmann, 1978
42) *C. javanus* Kingma, 1948
43) *Celtia japonica* Ishizaki, 1981
44) *Cletocythereis rastromarginata* (Brady, 1880)
45) *Cluthia cluthae* Brady, Crosskey & Robertson, 1874
46) *Copytus sinensis* Guan, 1978
47) *Coquimba* spp.
48) *Cornucoquimba alata* Tabuki, 1986
49) *C. moniwensis* (Ishizaki, 1966)
50) *C. rugosa* (Ikeya & Hanai, 1982)
51) *Cythere golikovi* Schornikov, 1974
52) *C. omotenipponica* Hanai, 1959
53) *C. sanrikuensis* Tsukagoshi & Ikeya, 1987
54) *C. uranipponica* Hanai, 1959
55) *C.* spp.
56) *Cytherella posterotuberculata* Kingma, 1948
57) *Cytherelloidea leroyi* Keij, 1964
58) *C. munechikai* Ishizaki, 1968
59) *C. senkakuensis* Nohara, 1976
60) *C. yingliensis* Guan, 1978
61) *C.* spp.
62) *Cytheromorpha acupunctata* (Brady, 1880)
63) *Cytheropteron hanaii* Ishizaki, 1981
64) *C. higashikawai* Ishizaki, 1981
65) *C. kitazatoi* Ikeya & Zhou, 1991
66) *C. miurensis* Hanai, 1957
67) *C. postronatum* Zhao, 1988
68) *C. rhombea* Hu, 1976
69) *C. sawanense* Hanai, 1957
70) *C. tabukii* Zhou,
71) *C. uchioi* Hanai, 1957
72) *Doratocythere tomokoae* (Ishizaki, 1968)
73) *Elofsonella* spp.
74) *Falsobuntonia taiwanica* Malz, 1982
75) *Finmarchinella daishakaensis* Tabuki, 1986
76) *F. hanaii* Okada, 1979
77) *F. japonica* (Ishizaki, 1966)
78) *F. uranipponica* Ishizaki, 1969
79) *F.* spp.
80) *Foveoleberis cypraeoides* (Brady, 1868)
81) *Hanaiborchella miurensis* (Hanai, 1970)
82) *H.* aff. *triangularis* (Hanai, 1970)
83) *Hemicythere gorokuensis* Ishizaki, 1966
84) *H. gurjanovae* Schornikov, 1974
85) *H. nana* Schornikov, 1974
86) *H. ochotensis* Schornikov, 1974
87) *H. orientalis* Schornikov, 1974
88) *H. posterovestibulata* Schornikov, 1974
89) *H. quadrinodosa* Schornikov, 1974
90) *H.* spp.
91) *Hemicytherura cuneata* Hanai, 1957
92) *H. kajiyamai* Hanai, 1957
93) *H. scutella* (Brady, 1880)
94) *Hemikrithe orientalis* van den Bold, 1950
95) *Heterocyprideis* spp.
96) *Heterocythereis otsuchiensis* Ikeya & Zhou, 1991
97) *Hirsutocythere? hanaii* Ishizaki, 1981
98) *Howeina camptocytheroidea* (Hanai, 1957)
99) *H. higashimeyaensis* (Ishizaki, 1971)
100) *H. leptocytheroidea* Hanai, 1957
101) *Johnealella nopporoensis* Hanai & Ikeya, 1991
102) *Keijella papuensis* (Brady, 1880)
103) *K. paucipunctata* Whatley & Zhao, 1987
104) *K.* spp.
105) *Keijia demissa* (Brady, 1866)
106) *K. labrynthica* Whatley & Zhao, 1987
107) *K. novilunaris* Zhao, 1985
108) *Kobayashiina donghaiensis* Zhao, 1988
109) *K. hyalinosa* Hanai, 1957
110) *Kotoracythere* sp.
111) *Krithe* spp.
112) *Lankacythere coralloides* (Brady, 1886)

4.2 大桑層(更新統)での微化石の研究

一スに使われている 225 種の介形虫

113) *L. elaborata* Whatley & Zhao, 1987
114) *Loxoconcha australis* Brady, 1880
115) *L. hattorii* Ishizaki, 1971
116) *L. japonica* Ishizaki, 1968
117) *L. kattoi* Ishizaki, 1968
118) *L. lilljiborchi* Brady, 1868
119) *L. optima* Ishizaki, 1968
120) *L. ozawai* Tabuki, 1986
121) *L. pterogona* Zhao, 1985
122) *L. sinensis* Brady, 1869
123) *L. subkotoraforma* Ishizaki, 1968
124) *L. tosaensis* Ishizaki, 1968
125) *L. tumulosa* Hu, 1979
126) *L. uranouchiensis* Ishizaki, 1968
127) *L. vima* Ishizaki, 1968
128) *Loxocorniculum kotoraformum* Ishizaki, 1966
129) *L. mutsuensis* Ishizaki, 1971
130) *Morkhovenia inconspicua* (Brady, 1880)
131) *Munseyella hatatatensis* Ishizaki, 1966
132) *M. japonica* (Hanai, 1957)
133) *M. oborozukiyo* Yajima, 1982
134) *Neocytheretta adunca* (Brady, 1868)
135) *N. snelli* (Kingma, 1948)
136) *N.* spp.
137) *Neocytherideis aoi* Yajima, 1982
138) *Neomonoceratina columbiformis* Kingma, 1948
139) *N. crispata* Hu, 1976
140) *N. indonesiana* Whatley & Zhao, 1987
141) *N. iniqua* (Brady, 1868)
142) *N. koenigswaldi* Keij, 1954
143) *N. mediterranea* (Ruggieri, 1953)
144) *N.* spp.
145) *Neonesidea haikangensis* (Guan, 1978)
146) *N. oligodentata* (Kajiyama, 1913)
147) *Nipponocythere bicarinata* (Brady, 1880)
148) *N. obesa* (Hu, 1978)
149) *Normanocythere leioderma* (Norman, 1869)
150) *N.* sp.
151) *Ornatoleberis morkhoveni* Keij, 1975
152) *Pacambocythere japonica* (Ishizaki, 1968)
153) *P. reticulata* (Jiang & Wu, 1981)
154) *Paijenborchella iocosa* Kingma, 1948
155) *P. solitaria* Ruggieri, 1962
156) *P.* spp.
157) *Palmenella limicola* (Norman, 1965)
158) *Paracytheridea bosoensis* Yajima, 1978
159) *P. logicaudata* (Brady, 1890)
160) *P. tschoppi* van den Bold, 1946
161) *Parakrithella pseudoadonta* Hanai, 1959
162) *Patagonocythere robusta* Tabuki, 1986
163) *Pistocythereis bradyformis* (Ishizaki, 1968)
164) *P. bradyi* (Ishizaki, 1968)
165) *P. cribriformis* (Brady, 1865)
166) *Ponticocythereis miltaris* (Brady, 1866)
167) *Pontocythere japonica* (Hanai, 1959)
168) *P. miurensis* (Hanai, 1959)
169) *P. subjaponica* (Hanai, 1959)
170) *Pseudoaurila japonica* (Ishizaki, 1968)
171) *Pterobairdia maddocksae* McKenzie & Keij, 1977
172) *Rabilimis* spp.
173) *Radimella? macroloba* Hu, 1981
174) *R. parviloba* Hu, 1981
175) *R. virgata* Hu, 1979
176) *Robertsonites* spp.
177) *Robustaurila ishizakii* (Okubo, 1980)
178) *R. kianohybrida* (Hu, 1982)
179) *R. salebrosa* (Brady, 1869)
180) *Ruggieria darwinii* (Brady, 1868)
181) *R. indopacifica* Whatley & Zhao, 1987
182) *Sarsicytheridea bradyi* (Norman, 1865)
183) *Schizocythere kishinouyei* (Kajiyama, 1913)
184) *S. okhotskensis* Hanai, 1970
185) *S.* spp.
186) *Semicytherura affinis* (Sars, 1866)
187) *S. complanata* Brady, Crosskey & Robertson, 1874
188) *S.* aff. *complanata* Brady, Crosskey & Robertson, 1874
189) *S. cryptifera* (Brady, 1880)
190) *S. daishakaensis* Tabuki, 1986
191) *S. enshuensis* Ikeya & Hanai, 1982
192) *S. hanaii* Ishizaki, 1981
193) *S. henryhowei* Hanai & Ikeya, 1977
194) *S.* cf. *mainensis* Hazel & Valentine, 1969
195) *S. miii* (Ishizaki, 1969)
196) *S. minaminipponica* Ishizaki, 1981
197) *S. miurensis* (Hanai, 1957)
198) *S. subundata* (Hanai, 1957)
199) *S. wakamurasaki* Yajima, 1982
200) *S. yajimae* Ikeya & Zhou, 1991
201) *Sinocythere sinensis* Hou, 1982
202) *Sinocytheridea* spp.
203) *Sinoleberis tosaensis* Ishizaki, 1968
204) *Spinileberis quadriaculeata* (Brady, 1880)
205) *S.* spp.
206) *Stigmatocythere rugosa* (Kingma, 1948)
207) *S. spinosa* Hu, 1976
208) *S.* spp.
209) *Tanella pacifica* Hanai, 1957
210) *T. supralittoralis* Schornikov, 1974
211) *Trachyleberis niitsumai* Ishizaki, 1971
212) *T. scabrocuneata* (Brady, 1880)
213) *T.* spp.
214) *Triebelina bradyi* Triebel, 1948
215) *T. pustulosa* Keij, 1974
216) *T. rectangulata* Hu, 1981
217) *T. sertata* Triebel, 1948
218) *Urocythereis?* cf. *abei* Tabuki, 1986
219) *U. foveolata* (Brady, 1880)
220) *Xestoleberis hanaii* Ishizaki, 1958
221) *X. iturupica* Schornikov, 1974
222) *X. sagamiensis* Kajiyama, 1913
223) *X. setouchiensis* Okubo, 1979
224) *X. variegata* Brady, 1880
225) *Yezocythere hayashii* Hanai & Ikeya, 1991

現生アナログ法によって，化石群集から産出地層の堆積時の環境要素を抽出するには次のような方法を用いる．まず初めに，前節の分類法によって化石群集の種分類を行い，群集組成（種ごとの産出頻度）を明らかにしなければならない．次に各化石群集と各現生群集（最大 273 サンプル）との間の群集組成の相違度を計算する．実際には一つの化石群集に対して，最大 273 の現生群集との間のそれぞれの相違度を求める．相違度としては SCD 値と呼ばれる相関係数を用いる．

> SCD (squared chord distance) は，そのほかの相関係数に比べて群集中に占める個体数頻度の高い特定の種に大きく影響されないこと，また個体数頻度の低い種を特に重視することも軽視することもないということでここで採用されている．SCD は $d_{ij}=\sum k(p_{ik}^{1/2}-p_{jk}^{1/2})^2$ の式で示される．ここで，d_{ij} は二つのサンプル i と j の間の相関係数であり，p_{ik} は i サンプル中の介形虫種 k の割合を示す（$0.0<p_{ik}<1.0$）．

このようにして求められた SCD 値を y 軸に，水深，夏の平均底水温と冬の平均底水温をそれぞれ x 軸にとって，一つの化石サンプルに対する各現生サンプルをそれぞれグラフ上に表示する．グラフ上では比較する一つのサンプルが比較されたほかのサンプル（現生）との間で群集組成が類似していれば SCD 値が低く，また相違していれば SCD 値は高くなる．グラフ上の各点は，比較されたサンプルの中で最も類似しているサンプルを中心として V 字状に末広がりとなった範囲内に散布される．たとえば，能登半島沖の水深 89 m の現生サンプル（Noto 165）を日本海における現生サンプル群と比較すると，SCD 値が 0，夏の平均底水温が 16°C となる（図 4.48 a）．この場合，最も類似したサンプルは同一サンプルとなるから，SCD 値が 0 になるのは当然のことである．そして SCD 値が 0.5 以下のサンプルが 13〜18°C の範囲に数点存在しているが，これらのサンプルは能登半島沖のサンプルと群集組成が類似していることを示している．またグラフの上の方に分散しているサンプルはあまり類似していないことを示している．これと同じ手法で更新世の化石サンプル（秋田県鮪川層）を同じく日本海の現生サンプル群との間で比較すると，水深 7 m の寿都湾（北海道）のサンプル（Suttsu 7-3）と最もよく類似する．その SCD 値は 0.55 で，冬の平均水温は約 7°C となる（図 4.48 b）．このように化

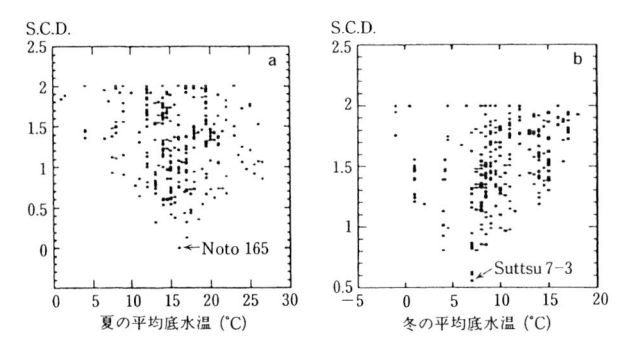

4.2 大桑層（更新統）での微化石の研究

図 4.48 現生アナログ法による底水温の推定
a：夏の平均底水温に対する能登半島沖の水深89mのサンプル（Noto 165）と日本海の現生サンプル群との比較．b：更新世鮪川層の1サンプルと日本海の現生サンプル群との比較によって推定された冬の平均底水温．

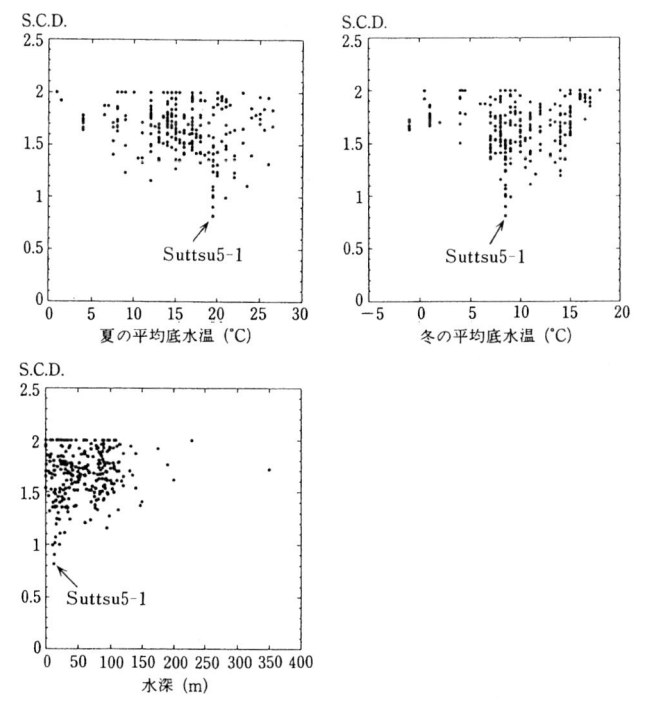

図 4.49 現生アナログ法による大桑層（堆積サイクル6-3）の夏と冬の平均底水温と水深の推定

石サンプルをたくさんの現生サンプル群と比較することによって，化石群集が堆積した環境（水温と水深）を具体的な数値として推定することが可能となる．

次に大桑層の堆積サイクル6-3サンプルを現生サンプル群と比較してみると，SCD値は0.8であまり類似度は高くないが，寿都湾のサンプル（Suttsu 5-1）と最もよく類似するしていることがわかる．そして，その水温は夏で約20℃，冬で約7℃，水深は10m前後となる（図4.49）．このようにして大桑層の各層準の堆積環境を具体的な数値に置き換えて推定することができるのである．

大桑層の中部層（堆積サイクル1～10）から得られた39層準の介形虫群集

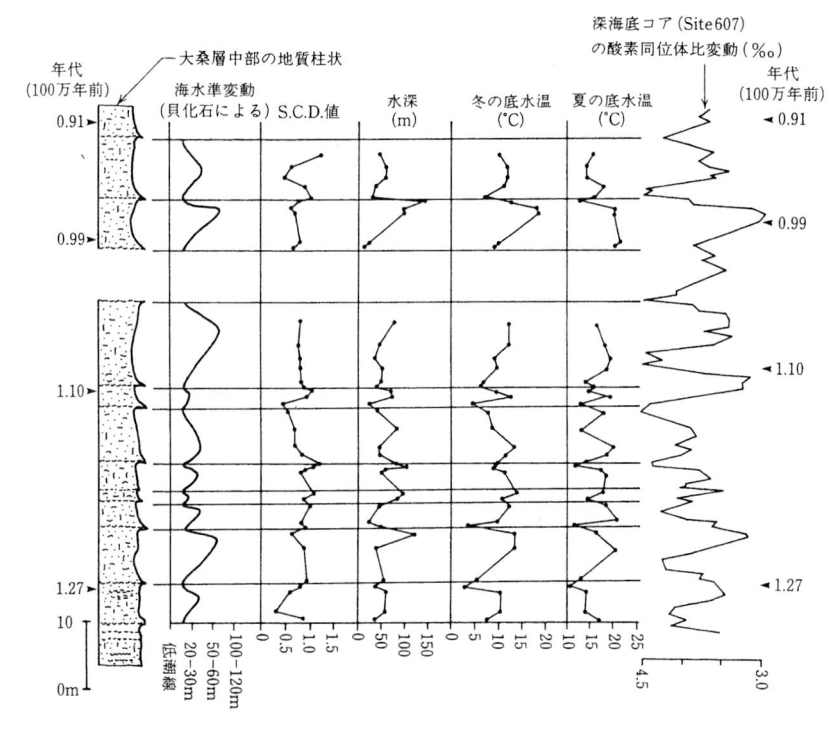

図 4.50 大桑層の堆積サイクル1～10における古水温と古水深の推定（貝化石による海水準変動は北村・近藤，1990より，また酸素同位体比の変動曲線は Ruddiman, et al., 1989による）

を解析し，日本海の現生サンプル群と比較して古水温と古水深を推定することができる．深海底コアに含まれる浮遊性有孔虫殻の酸素同位体比の変動は，海中気候（特に表層水温）の相対的な寒暖を示すとされている．大西洋の水深 3427 m から得られたコア（Site 607）による酸素同位体比の変化曲線と貝化石群集による古水深の変動曲線に対して，介形虫化石群集に基づく解析の結果を並べて比較すると，それぞれが相関していることがわかる（図 4.50）．ここで介形虫類が貝類に比べてより優れた環境指示生物（特に水温に関して）であることは，海洋の表面水温と底水温との違いはあるが，汎世界的な海中気候の変化を示す深海底コアの酸素同位体比の変化曲線と非常によく一致することからも示される．さらに，個体のサイズが大きい貝類では捕らえきれない細かな層準について，小型である介形虫類は高い分解能をもって堆積環境を解析することができる．大桑層中部の堆積サイクル 1〜10 の厚さは約 70 m で，この地層が堆積した時間を微化石基準面および古地磁気層序に基づいて算定するとおよそ 40 万年となる．この間に数万年の周期で水深は 10〜150 m，底水温は夏で 4〜22°C，冬で −1〜14°C まで変化したことになる．このような介形虫化石群集を用いた古環境解析によって，汎世界的に起こった第三紀の気候変動と，それに伴う氷河性の海水準変動の実体を明らかにすることができるかもしれない．

5
論文の作成

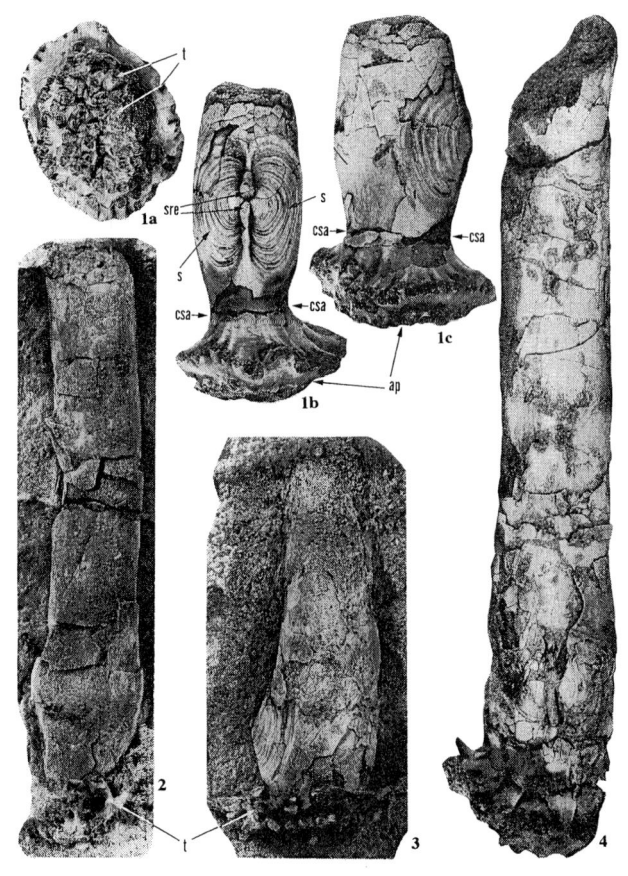

ヨコヤマツツガキ(*Nipponoclava yokoyamai*)
鮮新世,日本産.コヅツガイと同様な生態をとる.

研究によって得られた成果は論文としてまとめるべきである．研究は自己満足で終わらせるべきではない．研究成果を論文として公表し，その知的財産を共有するように努めることは研究する者の義務である．以下に論文を書く上で注意しなくてはならない，いくつかの点をまとめてみた．論文を書く際の参考にしていただきたい．なお，論文を学術雑誌へ投稿する際，雑誌を発行している学会の会員でないと受けつけて貰えないことがある．学会への入会はどの学会も概ね容易なので入会することを勧める．日本古生物学会への入会は正会員2名の推薦が必要であるが（第6章・解説8），同学会にはアマチュア向けの「化石友の会」があるので，まずここに入会し，その上で正会員になるとよいだろう．

5.1 文　　　章

論文の文章は簡潔で平易であることを心掛けるべきである．難解な文章は読む人を疲れさせるばかりか，無用な混乱や誤解を招くことになる．初心者が心掛けるべきことは，たくさんの論文を読み，わかりやすい論文があれば，文章を参考にすることである．自分で書いてみて初めてわかることであるが，論文を書く過程で研究の欠点やデータの不足などが明確になってくる．研究者（既に学術雑誌などに論文を書いた経験のある人）と初心者の異なる点は，研究が論文として書けるほどに仕上がっているかどうかを判断できることではないかと思う．論文にまとめる作業は研究上の訓練としても是非行うべきである．

書いた論文の原稿を専門家に見せ，意見を聞くことは研究の質を上げるために避けて通れないことである．専門家を自任する私たちでさえ，書いたものを人から意見を聞かずに論文として学会へ投稿したりはしない．かならず内容についての意見を同業の専門家に伺うようにしている．他人の書いた論文の欠点はよく見えるが，自分の書いた論文の欠点は恥ずかしくなるほど見えないものである．研究直後の頭がその成果でまだ熱い状態にあるときは特にそうである．「原稿は半年くらい寝かせてからもう一度内容を検討して出版するのがよい」とよくいわれるが，これは自分の書いたものを冷静に見直すのに，つまり頭が冷えるのに，半年くらいはかかるだろうという意味である．科学の進歩が

日進月歩の時代にこんなこともいってはいられないので，冷静な第三者に原稿を読んでもらうことはどうしても必要なことである．

　論文は一つのテーマに沿って書かれるべきである．初心者が最も陥りやすい過ちは，研究したことのすべてを一つの論文の中に入れてしまうため，本来議論する必要のない，論文のテーマとは無関係なことまで論文に書いてしまうことである．研究の過程では，本題と直接関係はしないが，興味ある事実や素晴らしいアイデアが得られることが普通である．こういったことまで一つの論文の中に含めてしまうと，読者はなぜそれが議論されているのかわからず混乱してしまう．そのような新しい事実やアイデアは，次の研究テーマとして頭の中に大切にしまっておくか，あるいは別の論文として公表することを検討すべきである．研究結果を論文にする過程を一言でいえば，「内容を主題に沿って骨と皮だけにする」と言い換えることができる．また，このように主題に沿って内容を洗練していくと，研究上の欠点や不足が驚くほど見えてくるものである．

5.2　図　・　表

　原稿を作成する前にどの雑誌に投稿するかをあらかじめ考え，雑誌に掲載されている投稿規定に沿ったスタイルの原稿の作成を行わないと，最悪の場合，図や写真を作り直さなくてはならなくなる．文章の変更はワープロを使うことで比較的容易に行えるが，図や表はコンピューターを用いて作画したのでない限り変更がむずかしい．特に写真は，原サイズで印刷されることが普通であるから，縦横の大きさを投稿規定で調べてから作らないと，すべて作り直しという事態になりかねない．図は縮小して掲載されるので，縮小時の文字の大きさや線の太さなどに注意しなくてはならない．長さが1/2になれば面積は1/4になり，文字や模様は驚くほど小さくなる．図は印刷サイズに縮小コピーして全体のバランスなどを検討しながら作成すべきである．また，原図の大きさも雑誌によって制限があるので注意しなくてはならない．印刷サイズの原図しか受け付けない雑誌もある．図や表の本文中での引用の仕方は，Fig. 5, Figure 5, Text-fig. 5, 図5, 第5図のように各雑誌ごとに異なるので注意が必要

である.

最近はコンピューターでの作図が可能になったので大いに利用すべきである.特に,X-Y 散布図や棒グラフは表計算ソフトでデータを入力し,データをグラフ作成ソフトで描くとよい結果が得られる.この方法の最大のメリットは,データの変更や追加が容易で,ページプリンタで出力すれば,そのまま版下として使える点である.さらに,高品質のフォントが使用可能であれば,大変見栄えのよい図が作成できる.

5.3 標本写真

古生物学の論文では化石標本写真の占める位置がきわめて高いので,情報の多い写真を作成するように努めなくてはならない.ここでは大型化石標本の写真作成テクニックを解説する.標本撮影の手法は研究者によって異なる.以下に示した手法はその一例である.よい結果を得るためには常に撮影手法の研究を怠らないことである.

1) 撮影装置(図 5.1)

カメラはマニュアル式 35 mm 一眼レフを用いる.120 mm フィルムやシー

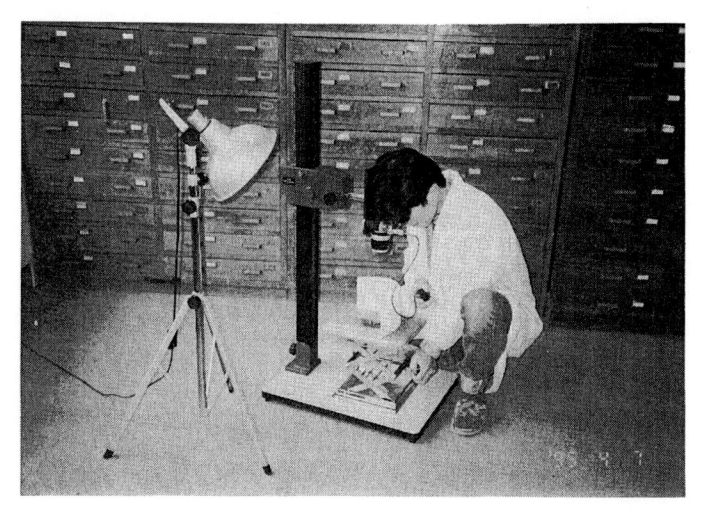

図 5.1 標本撮影装置

トフィルム用の中型や大型カメラは，貝化石でも比較的大型のホタテガイ類や大型脊椎動物標本の撮影に使用される．中・大型カメラは面積の広いフィルムを使用できるので，印画紙に引き伸ばしたときに，フィルム粒子の荒れを防ぐことができる．しかし，小型の標本を等倍または数倍程度で写す場合は大きな差は出ない．レンズはマクロレンズを用いる．ニコン・マイクロニッコール55 mm レンズの場合，フィルム上に約 1/2，接写リングを併用すればフィルム上に等倍の映像を得ることができる．カメラをしっかり固定できる接写台は必須である．光源は 350 から 500 W のタングステン球を用意する．ブルーのデイライト用ランプでもよいが，白黒フィルムとの相性はタングステン球の方がよいようである．フィルムは白黒用の極微粒状のフィルム（フジのネオパン F やコダックの T-MAX 100 など）を用いる．撮影台にカメラを固定し，標本を粘土で撮影台に固定する．この際，撮影台に直に粘土で標本を固定すると台が汚れるので板かボール紙のような淡い色のついた，比較的しっかりしたものの上に標本を粘土で固定する．白い紙だと光源の位置によっては紙から光が反射して標本の周囲がハレーションを起こし，標本の縁が不鮮明になることがあるので好ましくない．

2) 標本の向き

標本の撮影方向は，巻貝の場合，殻頂（殻の巻いている先端部）を上にする（図 5.2 A）．殻頂は巻貝の殻の後の方向に当たるため，この方向では殻の前が下で後が上という逆さの状態になる．しかし，安定性がよく見えるためこのように写すことが習慣になっている．ただし，ヨーロッパの一部の文献では殻頂を下にして標本を印刷してあるものもある（図 5.3）．本来，生物としてはこれが正しい向きではあるが，多くの文献では殻頂を上にして標本を配列するのが普通である．撮影台の上に置いた標本は殻軸（殻の巻の軸）が水平になるように横から見て姿勢を直す．巻貝では殻口部

図 5.2 標本写真を写す場合に一般的な巻貝（A）と二枚貝（B）の殻の方向

図 5.3 ヨーロッパの古い文献では，巻貝の殻頂を下に向けて標本を配列していた．この姿勢は殻の前方が上になるので，本来は正しい姿勢であるが，安定性が悪く見えるので，通常は殻頂を上に向けて配列する．Sowerby (1852) より．

(巻の最後の部分の開いた場所) 周辺に重要な分類形質があることが多いので，殻口を前 (上) にした姿勢に整える．巻貝はこの状態で腹側から写真を写されていることになる (図5.2 A)．二枚貝は殻頂部を上にして，殻の長軸が横 (ファインダーから見て左右) になるように粘土で固定する (図5.2 B)．殻は横から見て水平になるように注意する．重要な分類形質などが現れている部分は必要に応じて拡大写真を写す．

その他，細かい点は文献などの写真を参考にして，殻の位置決めを行う．

3) 光の当て方

標本への光の当て方は印刷時に左斜上から光が当たっているように調整しなくてはならない．アメリカ合衆国古生物学会の雑誌 *Journal of Paleontology* では，原稿作成の手引に "Fossil photographic subjects must be illuminated from the upper left side" と明記してある．この条件を満たす最も容易な光の当て方を以下に示す (図5.1)．

まず，光源を標本の左斜上方に置く．光源と反対側の標本の周囲に白い紙 (コピー用紙や画用紙でよい) を標本の半分を取り囲むように立てる．標本の周囲に暗い部分があれば，光源の位置や紙の位置，あるいは紙の大きさなどを調整して暗い部分をなくすようにする．

4) 撮影順序

カメラの位置は，標本がファインダー内の視野より少し小さくなる程度にピントを合わせながら固定する．ファインダー中に非常に小さく見えている状態で写すと引き伸ばしたときに粒子が荒れた不鮮明な画像しか得られない．接写を行うとカメラに対して前後方向のピントが合う範囲が非常に狭くなる．絞りを開くとこの範囲はますます狭くなり (被写界深度が狭くなるという)，絞りを閉じると広くなる (被写界深度が広くなるという)．したがって，標本に対して，レンズに最も近い場所から遠い場所までくまなくピントを合わせるためには，一杯に絞り込むようにしなくてはならない．レンズの性能は絞りを絞るほど低下するが，論文に掲載する標本写真の場合は，大きく引き伸ばさないのであまり気にする必要はない．ピントはファインダーに写っている標本の一番高い部分 (カメラに近い部分) と低い部分 (カメラから遠い部分) の中間ないしやや高い部分に合わせる．オート一眼レフカメラ (通常は絞りに関わりなく

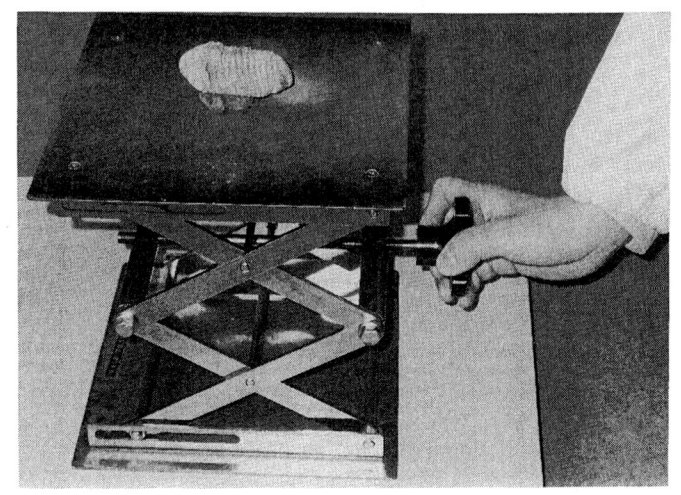

図 5.4 標本写真のピントを合わせるときは，カメラより標本を動かした方が作業しやすい．図のような装置があると便利である．

開放になっていて，シャッターを切ったときだけ絞り込まれるカメラ）の場合は，この作業中レンズの絞りは開放になっているはずなので，この操作をしてみると，ピントの合う範囲がいかに狭くなっているかを実感できる．カメラと標本の間の距離の調整とピント合わせは，カメラを上下に動かすより，標本を上下に動かした方が作業がしやすいので，図5.4のような装置を揃えておくと便利である．以上の操作で最良のピントが得られるはずである．オートフォーカスカメラを使うと標本の中心部だけにピントがあってしまい，この調整ができない．したがって限られた被写界深度を有効に使えなくなる．オートファーカスカメラを使うときはマニュアルに切り換えて使用しなくてはならない．ISO（ASA）50から100のフィルムを用い，光源が350～500ワットで，絞りが32の状態なら，マクロレンズ付き35mm一眼レフカメラのシャッタースピードはほぼ1から1/4秒程度が適性露出となるはずである．

　カメラのシャッターを指で直に押してはならない．上記のシャッタースピードではカメラブレの原因となる．必ずレリーズを用いてシャッターを切るようにする．上記のシャッタースピード（1，1/2，1/4）で3枚写す．露出条件を変えるために絞りを変更してはならない．被写界深度が浅くなってしまう．標本が少数の場合は，この方法ですべての個体を写す．36枚撮りであれば一標

本につき3枚写したとしても12個体写せる．白黒フィルムの現像は自分で行うべきである．詳細は専門誌にゆずるが，写真の現像は単純な化学処理であるので基本に忠実に行えば，誰でもよい結果が得られる．標本を大量に写すときは，一度試し撮りをして現像し，ネガの状態を確認してからシャッタースピードを選び，標本の撮影を行うようにする．

5) 標本の表面処理

大型化石標本の撮影にはホワイトニングという前処理を行うことが常識化している．ホワイトニングは塩化アンモニウムなどを用いて標本の表面を白色化し，表面の細かな装飾などを鮮明に写し出す技法である (Feldman, 1989)．

ここでは塩化アンモニウムを用いた方法を紹介する．図5.5Eは塩化アンモニウムを用いたホワイトニング装置である．これは市販されていないので自分で作るしかない．必要なものは，先端が細くなっているガラス製の管（図5.5D：これは化学機器のカタログなどで似たものを探す），この管の広い開口部を塞ぐゴム栓（図5.5C），このゴム栓に通す細いガラス管（図5.5C），ゴム栓にガラス管を通す穴を開けるための機器（図5.5B），空気を送り込むための装置（図5.5A）である．これらを組み合わせて図5.5Eの装置を作る．

ガラス管の中に塩化アンモニウムを入れ，塩化アンモニ

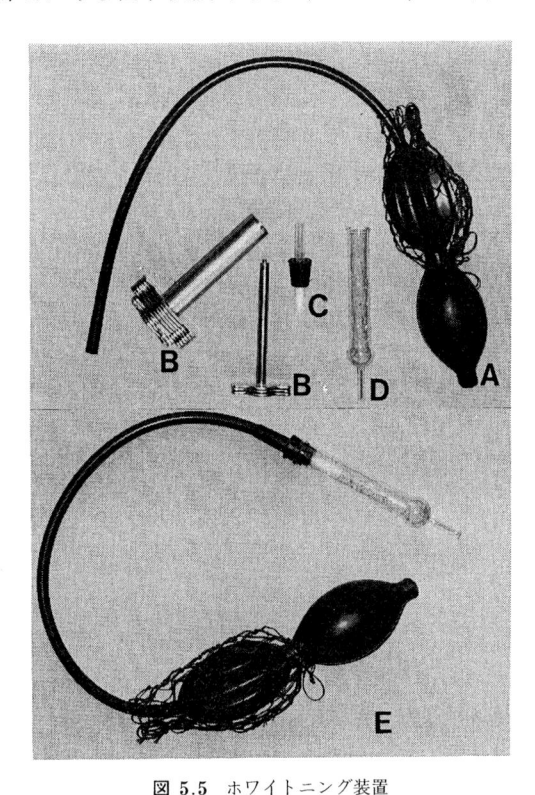

図 5.5 ホワイトニング装置
A：空気を送り込む装置，B：ゴム栓に穴を開ける装置，C：ゴム栓にガラス管を通したもの，D：塩化アンモニウムを入れるガラス管，E：組み上げられたホワイトニング装置．

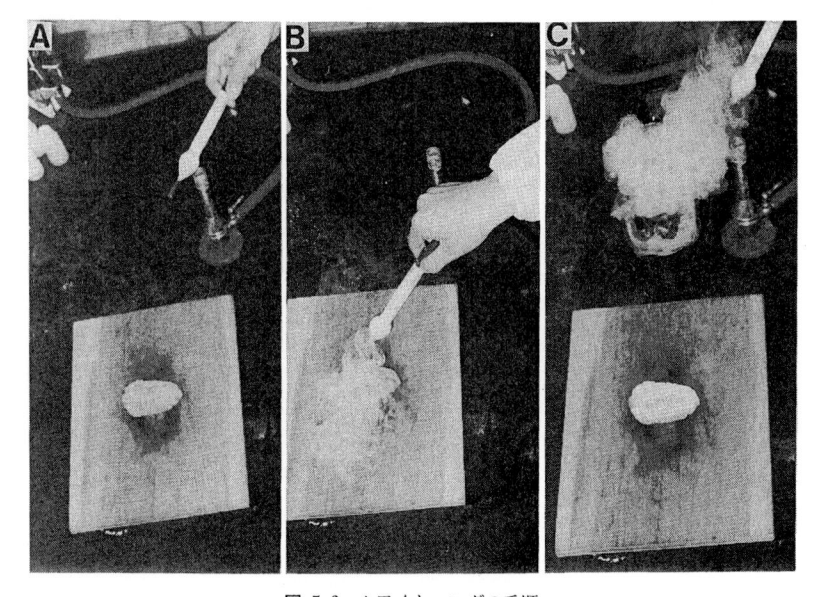

図 5.6 ホワイトニングの手順
A：塩化アンモニウムを入れたガラス管を熱する．B：ガラス管の先端から白い煙が出てきたら，それを標本に吹きつける．C：標本は白化する．

ウムを火で熱する．この際，ガラス管を持つと熱いのでゴム栓部を持つかガラス管を挟む機器を用いる．しばらく熱していると白い煙がガラス管の先端から出てくるので，空気を送り込み，出てきた白煙を標本に吹きつける（図5.6）．熱が冷めると煙が出なくなるので，再び塩化アンモニウムを熱し，標本が均一に白くなるまでこの作業を繰り返す．この際，部屋の換気を十分にしておかないと白煙を吸ってしまうので注意する．ドラフト内で作業すると安全である．湿度が高いと標本への塩化アンモニウムの乗りが悪くなるので，雨の日の作業は避けた方が賢明である．標本に付着した塩化アンモニウムは，筆などで払えば簡単に落ちる．よくある失敗は，ホワイトニングした標本に触れてしまい，できた写真を見たら指紋が写っていることである．ホワイトニングを行うと，標本の細かい部分まで鮮明に写るようになるので，標本のクリーニングをしっかりやっておかないと，標本の表面が砂粒だらけでみっともないことになる．

　ホワイトニングの前にブラックニングという作業を行うと，より鮮明な写真が得られる．ブラックニングは標本を油煙（粉状のものが市販されている）な

どを使って黒色化する技法である（図5.7）．ただし，油煙は標本から落ちにくいという難点がある．ホワイトニングは現在では必須の作業であるが，ブラックニングするかどうかは人によって好みが分かれる．図5.8は同じ標本を，表面処理なし（図5.8A），ホワイトニングだけ（図5.8B），ホワイトニングとブラックニングの両方で処理（図5.8C），という三つの異なる処理法をほどこし同じ撮影条件で写したものである．ブラックニングをした上でホワイトニングをしたものが最もコントラストがよくなっている．

標本に元の色彩パターンが残っていない限り，化石標本の色は二次的なものなので生物学的にはほとんど意味がない．また，白黒写真の場合，標本自体が暗い色をしていると光の当て方を工夫しても装飾の細かい部分が明瞭に写らなくなる．さらに，化石を上記の表面処理を行わずに写すと，個々の化石で元々の色が異なるため，ある

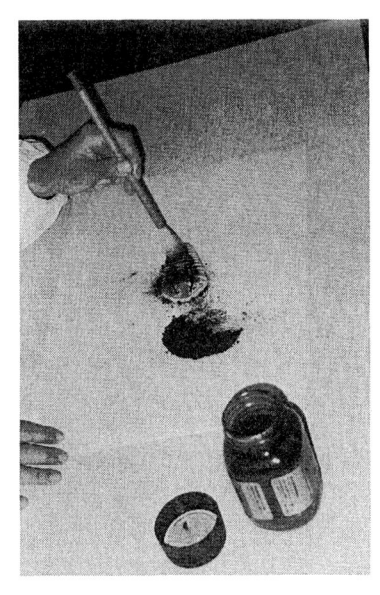

図 5.7 ブラックニング
標本を油煙等で黒色化し，その上でホワイトニングをして写真を写すと，より鮮明な写真が得られる．

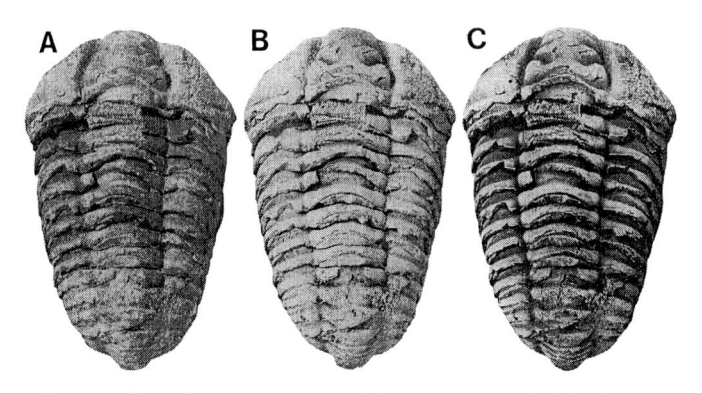

図 5.8 三葉虫標本を，表面処理なし（A），ホワイトニング（B），ブラックニングした上でホワイトニング（C）という三つの異なる処理法で撮影したもの．

ものは白っぽく写り，またあるものは暗く写るなど非常に見にくくなる．ホワイトニングのテクニックはこのような化石の特性から生まれたものである．

6） 背景の色

写真を写す前に考えておかなくてはならないのが，バックを白にするか，あるいは黒にするかである．黒バックの写真は，純黒の反射しない布などの上に標本を置いて写し，焼きつけた印画紙の標本の周りを少し残して切り抜き，純黒の台紙（露光した印画紙がよい）に貼りつける．この際，切り抜いた写真の切り口はマジックインキなどで黒く塗っておかないと印刷時にその部分が白い枠として残ってしまうことがある．また，標本を固定した粘土が標本からはみ出して写ってしまうことがあるので，ファインダーから覗いて，写す前によく確認するようにする．この方法の利点はホワイトニングをした白い標本の場合，バックとのコントラストがよく，標本の縁が非常に鮮明に写ることである．

白バックの場合は灰色系の台紙の上に標本を置いて写し，焼きつけた後，標本の周囲をハサミやカッターナイフなどで慎重に切り抜き白の台紙に貼る．白バックにするテクニックとして，標本を曇ガラスの上に置いて下からライトを当て，標本の周囲を純白に残す方法がある．この場合は標本の周囲を切り抜く必要はなくなるが，どうしても標本の周囲でハレーションが起き，縁が不鮮明になる傾向がある．また，標本の周囲を純白にするには，上からの光と下からの光の加減が簡単ではない．経験からいってこの方法は手間ばかりかかって失敗する確率が高く，あまり勧められない．白バックで写真を仕上げる場合，標本を置く台に黒い紙や板を使って写してはならない．黒いものを使うとどんなに慎重に写真を切り抜いても標本の周囲が黒く残ってしまうか，写真の標本部を切り込んでしまう．

7） 倍　率

倍率の決定は実際の標本を測っておいて，その長さを基準に引き伸ばすのが正確である．定規などを標本の近くに置いて撮影し，引き伸ばしの際の倍率の目安にする方法があるが，定規の位置，特にレンズとの距離が少しでも変わると標本と定規の相対的な大きさが変化してしまう．写真に写った定規を目安に倍率を決めて引き伸ばした写真と，実際の標本の大きさと比較してみると誤差

が出るのが普通である．

　8) **印画紙**

　印画紙は4号（硬調）を使用するとシャープな画像が得られる．印画紙にはRCタイプと呼ばれる一般のカラープリントに用いられているプラスチック製の台紙を有する印画紙と，台紙が紙製のバライタ紙がある．バライタ紙の方が焼きつけ時に細かい調整が効いたり，標本の周囲を切り抜くときに紙が薄くて都合がよいが，光沢のある印画に仕上げるには専用の乾燥機を使う必要がある．これらの印画紙についての詳細は，写真専門誌を参照していただきたい．

5.4 参考文献

　文献の引用は，先人のオリジナリティーを尊重し，また研究の背景となる科学的裏付を保証するために科学論文では必須である．たとえ口答で聞いたものであっても明らかに重要なオリジナリティーがあると認めたものは池谷（口答：1995）あるいはIkeya（oral communication：1995）などの形式で引用すべきである．また，化石や現生貝類の同好会関連の出版物が最近各地で発行されており，これらをどこまで引用するかは，なかなかむずかしい問題である．個人的意見としては，生物分類に関する命名規約に違反していない限り，重要なオリジナリティーがあると認めた出版物はできるだけ引用すべきであると思う．ただ，英文で論文を書いた場合，正式な英文名がない出版物の引用は，雑誌名や論文題目をどのように書いたらよいかわからないことがある．このような場合は，日本名の雑誌の名前と論文名をローマ字で書き，括弧内にその英訳を筆者訳と注釈を付けた上で引用するとよい．最も困るのが出版年月日の入っていない印刷物で，これは出版した関係者に問い合わせるしかない．それも困難な場合は引用をあきらめざるをえない．文献の引用方法は，学術雑誌ごとに異なっているので，投稿規定や最新の雑誌に掲載された論文を参考にする．

5.5 文献の探し方

　論文を読むと自分の研究に必要と思われる論文が必ずいくつか引用されている．このような文献はどのように探したらよいのだろうか．科学雑誌の場合，図書館に備え付けられている洋雑誌や和雑誌の目録を調べれば，どの研究機関や図書館に雑誌が所蔵されているかがわかる．図書館に依頼すれば，その機関へコピーを取って送ってくれるように頼めるし，日本にない場合は図書館を通して海外へコピーを依頼することも可能である．探すのが比較的むずかしいのが単行本である．特に他の図書館や研究機関に所蔵されているものを探すのは容易ではない．分類学では，命名規約の問題から古い単行本を必要とすることが多く，文献を探すのに大変苦労する．このような単行本は，その分野の専門家に所在を問い合わせるのが，一番早く見つけることのできる方法である．

6

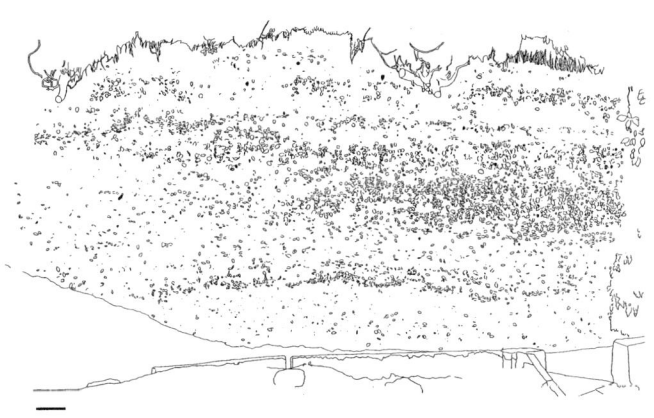

解　説

貝化石産地での調査
露頭のスケッチをとるため足場を組んで調査をおこなっている．上は露頭のスケッチ．下は調査地全景．横浜市栄区．更新統小柴層．スケッチ左下のスケールバーは50cm．

解説1　地層の走向と傾斜

　地層は堆積作用の違いによって形成された堆積物の層状の重なりからできている．これらの層には単層（single bed）と葉理（単数でlaminae, 複数でlamina）がある．ライネック・サイ（Reineck and Sigh, 1980）によると，単層は連続的な1回の堆積作用で形成された層で，厚さは数mmから数mに達する．また，葉理は1回の堆積作用中に形成された単層内部の層状構造で，厚さは通常数mmであるが数cmに達することもある．したがって，単層より厚い葉理というものもある．単層と単層の境を層理面（bedding plain）と呼び，堆積作用の休止期を示す．層理面は堆積時にほぼ水平であった面である．地層は堆積後長い年月を経て岩石に変わり，地殻の中で大きな力を受けて曲がったり（褶曲：folding），切れてずれたり（断層：faulting）する．このようにして変形した地層が地表に露出し，私たちの目に触れるようになる．

　どのように地層が地表に配列しているのかを示すために，走向（strike）と傾斜（dip）という概念を用いる．地層の走向とは層理面を水に浸けたとき，水面（水平面）と層理面の交わる線の方向のことである．すなわち，層理面上にある水平線と言い換えることができる．この方向を北から東，あるいは北から西へ，それぞれ90

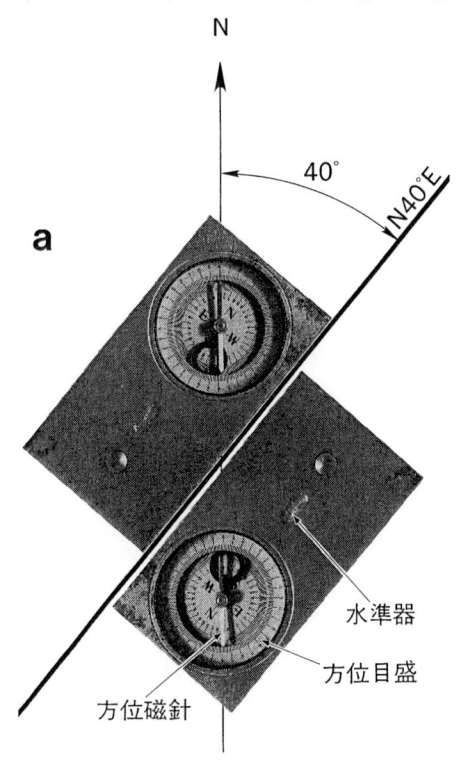

図6.1　地層の走向とクリノメーターの測り方

度の範囲で表現する．図 6.1 で，紙面が水平面，矢印が北の向きを示すとすると，北から 40 度東へ伸びる線は太線のようになる．これを N 40°E と表現する．同様に，北から西へ 40 度で伸びる線は N 40°W のように表現し，また，南北の線は NS，東西の線は EW のように表現する．これで水平なあらゆる方向の直線を表現できる．野外で地層の走向がわかれば，地層が褶曲で曲がっていたり，断層で切れていない限り，地層は走向方向に延長するので追跡が可能となる．

　地層の走向はクリノメーターで測定する．まず，クリノメーターの長軸を附属の水準器の泡が中央になるように水平にして層理面に当て（これでクリノメーターの長軸は水平になる），方位磁針の指した方位目盛の N 側半分（図 6.1）を N から E，あるいは W に向かって読む．このとき方位磁針の北（色の付いている側）と南（色の付いていない側）に関係なく，とにかく方位目盛の N 側半分を読む．この関係を図 6.1 の a と b に示した．どちらも N 40°E を示すことが理解できるだろう．クリノメーターの方位目盛をよくみると，北（N）に対する東（E）と西（W）の向きが通常の地形図の東西方向とは逆になっている．これは走向を方位磁針から直に読めるように工夫したためである．

　磁石の北（磁北）は本当の北（真北）とは若干ずれている．これを偏角という．日本各地の偏角は理科年表などに示されている．たとえば，東京では約 7 度西へ磁北が真北からずれている．クリノメーターで測った走向は磁北の値であるから補正しなくてはならない．これを偏角補正という．この補正法を図 6.2 に示した．図 6.2 で，太い実線が走向，細い実線が真北，破線が磁北を示すとする．クリノメーターで測定した走向は N 40°E であった．このとき，図に示したように磁北が 7

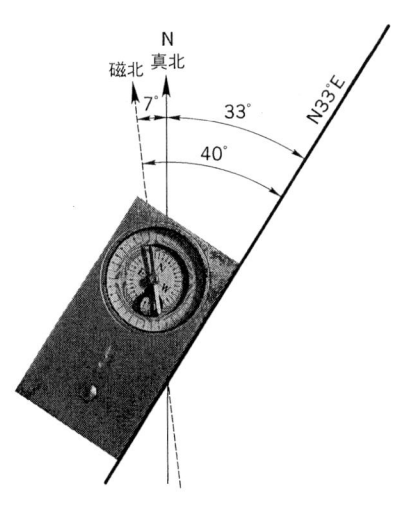

図 6.2　クリノメーターの測定値と偏角補正（偏角が西へ 7 度のとき）

度西へずれている場合は40度から7度を引いてやればよいことが図から理解できるだろう．偏角を補正した走向はN 33°Eとなる．

地層の傾斜は，クリノメーターの長軸を層理面に傾斜が最大になるように当て（走向線に直交した方向となる），傾斜角目盛を傾斜計で読む．図6.3に地層の傾斜とクリノメーターの傾斜角目盛の関係を示した．地層の傾斜は水平面と層理面のなす鋭角の最大角度と定義される．したがって，水平面でみたとき地層の傾斜方向は地層の走向と必ず直角の関係になる．この関係があるため地層の傾斜方向は北，南，南東，北東のように大雑把に表現する．たとえば，地層の走向がN 33°Eのとき傾斜が北西方向へ35度であれば，傾斜は35°NWと表現する．地層の走向・傾斜を表現するときは，N 33°E, 35°NWというように略して書く．

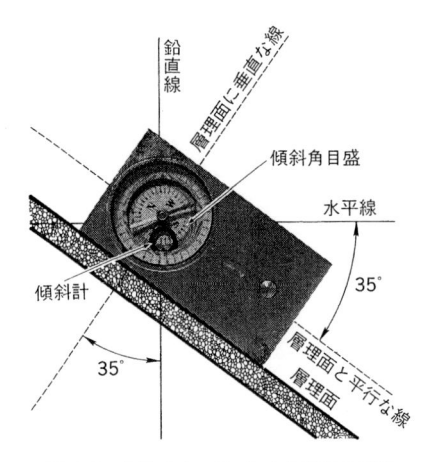

図6.3 クリノメーターによる地層の傾斜の測り方

地層の走向と傾斜を地形図などの平面図に記入するときは，図6.4に示したように走向の方向を長い線で，傾斜を走向線と直交した短い線で傾斜方向側に書く．傾斜の方向を示す線の先には傾斜角度を記入する．走向を示す長い線は線自体が走向方向を示しているので角度を数値で記入する必要はない．図4.1には実際に測定した地層の走向と傾斜を記入してある．地層が褶曲していると，走向と傾斜の値は少し場所が離れただけで

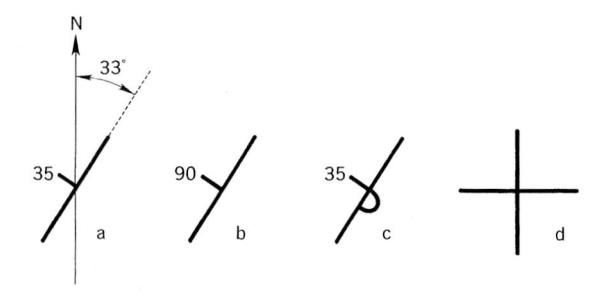

図6.4 地層の走向と傾斜の記号例
a：N 33°E, 35°NW, b：N 33°E, 垂直（地層の上位は北西），
c：N 33°E, 35°NW（地層は逆転），d：地層は水平．

大きく変化することがある．したがって，これらの記号を地形図に記入する際には，走向と傾斜方向を示す2線が交わった部分が，かならず測定箇所に位置するように記入しなくてはいけない．

解説2　堆積物の粒度区分

表6.1に砕屑物の粒径区分と岩石名を，また図6.5に火山砕屑物の粒径区分と岩石名を示した．これらの表はコピーしてフィールドノートに貼っておくと便利である．

野外での岩石の同定には慣れが必要である．特に初心者は初めのうち，大変とまどうものである．砂や礫のように肉眼で粒度を判定できるものは，あらか

表 6.1 砕屑物の粒径区分と岩石名

Phi(ϕ)* ファイスケール	粒径 (mm)	粒 径 区 分			岩　　石	
−8	256	巨　礫 (boulder)	礫 (gravel)		礫　岩 (conglomerate)	
−6	64	大　礫 (cobble)				
−2	4	中　礫 (pebble)				
−1	2	細　礫 (granule)				
0	1	極粗粒砂 (very coarse sand)	砂 (sand)		砂　岩 (sandstone)	
1	1/2	粗粒砂 (coarse sand)				
2	1/4	中粒砂 (medium sand)				
3	1/8	細粒砂 (fine sand)				
4	1/16	極細粒砂 (very fine sand)				
5	1/32	シルト (silt)	シルト (silt)	泥 (mud)	シルト岩 (siltstone)	泥　岩 (mudstone)
8	1/256	粘　土 (clay)	粘　土 (clay)		粘土岩 (claystone)	

*　粒径を d(mm)とすると，$d = (1/2)^\phi$．

6. 解　説

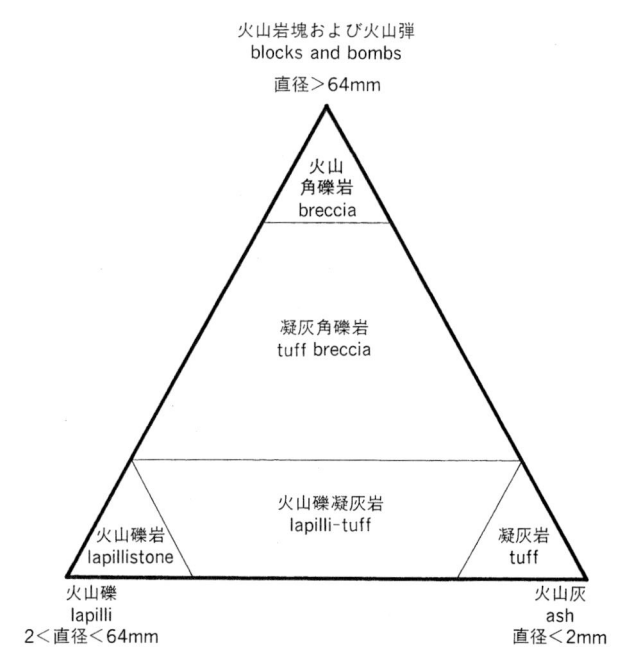

火山岩塊および火山弾
blocks and bombs
直径＞64mm

火山
角礫岩
breccia

凝灰角礫岩
tuff breccia

火山礫岩
lapillistone

火山礫凝灰岩
lapilli-tuff

凝灰岩
tuff

火山礫
lapilli
2＜直径＜64mm

火山灰
ash
直径＜2mm

図 6.5　火山砕屑物の粒径区分と岩石名（Lajoie and Stix, 1992, fig. 2 を改作）

じめ表 6.1 の粒度に区分したサンプルを持ってフィールドに出かけ，サンプルと露頭の岩石を比較したり，透明な定規を石に当て，ルーペで見て粒度を判断したりする．泥はシルトと粘土に粒度が分かれるが，両者の区別は専門家でも容易ではない．指で擦ってザラザラしたらシルトで，しなかったら粘土というようなこともいわれるが，実際は粒度分析をしないと判定が困難である．

　さまざまな粒度の砕屑物が混じった岩石は岩石名をつけるときにとまどう．砂が主体であるが泥も混じっていると泥質砂岩（muddy sand）といい，逆だと砂質泥岩（sandy mud）という．また砕屑物に火山起源物質が混じると凝灰質砂岩（tuffaceous sand）とか凝灰質泥岩（tuffaceous mud）などと呼ぶ．砕屑岩の大半は複数の粒度の砕屑物が混じってできている．露頭での岩石名はこれらを抽象化して呼んでいると思って間違いない．

解説3　含泥率の測定

　未固結な堆積物の含泥率の処理方法には，過酸化水素法，硫酸ナトリウム法，ナフサ法などがある．第四紀の固結の進んでいない堆積岩や泥質分の少ない砂質の堆積岩を分析する場合は，過酸化水素法と硫酸ナトリウム法が有効である．一方，泥質分の多い堆積岩にはナフサ法を用いる．

1) 過酸化水素法

　採取した堆積物のサンプルを乳鉢で砕く．100g程度の試料を入れたビーカーを乾燥機（デシケーター）に入れる．乾燥機の温度を50°Cにして24時間乾燥させる．サンプルの乾燥重量をビーカーごと電子天秤で測定する（測定値1）．6%の過酸化水素水100mlを加え，覆いをし，約40°Cで1時間加熱する．ビーカー内の試料を4ϕ (1/16mm) のメッシュに入れて泥分を流し，砂粒以上の径を持つ粒子だけメッシュに残す．メッシュに残った粒子をビーカーに移し乾燥機に入れて乾燥させ，乾燥重量をビーカーごと電子天秤で測定する（測定値2）．この際，ビーカーは同じものを使う．測定値1からビーカーの重量を引いたものが試料の総重量(1)であり，測定値2からビーカーの重量を引いたものが砂粒以上の大きさの粒子の重量(2)である．含泥率は((1)−(2))÷(1)で求まる．

2) 硫酸ナトリウム法

　過酸化水素法と基本的には同じであるが異なる点を書く．ビーカーに入れ，乾燥重量を測定した試料に硫酸ナトリウム過飽和溶液（水1000gにたいして，20°Cで16g，100°Cで30g）を入れる．100°Cで30分間加熱する．冷やして硫酸ナトリウムを結晶化させる（冷凍庫を用いたり，冷水をかける）．湯を入れて，結晶化した硫酸ナトリウムを溶かし，メッシュにかけて泥質分を流す．

3) ナフサ法

　ビーカーに入れ，乾燥重量を測定した試料にナフサ（ソルベントナフサ）を試料がすべて浸る程度に入れる．3時間から半日放置した後，ナフサをビーカーから流しだす．ヘキサメタリン酸ナトリウム0.3%溶液（蒸留水に溶かす）を試料がすべて浸る程度に入れ，半日くらい放置する．試料をメッシュで洗い

158　　　　　　　　　　　　　6. 解　　説

泥質分を流すが，完全に分解しないものがあったら，超音波洗浄機にビーカーを入れ，分解するまで振動を与える．

解説4　大型化石の採集用具と地質調査用具

図6.6に大型化石の採集用具と地質調査用具を示した．

ハンマー（b, o）　　地質調査に欠かせないのがハンマーである．ハンマーにはピックタイプ（b）とチゼルタイプ（o）がある．ピックタイプはハンマーの片方が尖っているものでチゼルタイプは平になっている．どちらがよいかは好みによる．頁岩など薄く剥がれる性質を有する岩石の場合はチゼルタイプの方がよいだろう．ハンマーは木工用の金槌では代用できない．以前，調査中にハンマーを折ってしまい，代わりのハンマーを持っていなかったので金槌を代用したところ，石を叩いたとたんに柄が折れてしまった．

ゲンノー（a）　　タガネを使って化石を採集する際，ハンマーではたたく

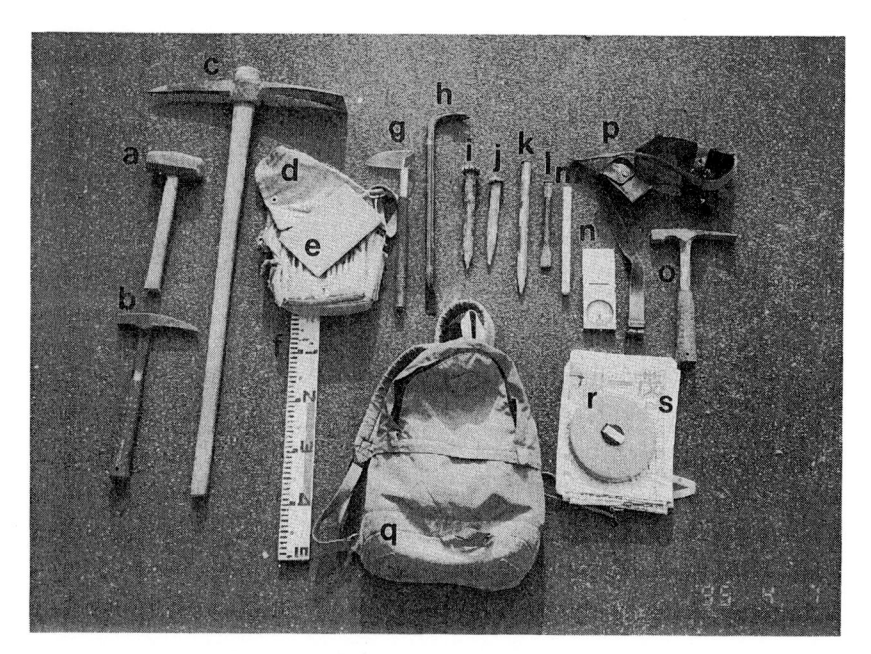

図 6.6　地質調査および化石採集に使用される道具

ツルハシ（c）　新生代の岩石はツルハシで掘れる程度の強度のものが多いので化石を採集するとき有効である．採集したい化石の周りをツルハシで掘ってゆき，化石を基質と一緒にすくいあげるようにしてブロック状に採集する．

調査バック（d）　筆記用具やフィールドノート（e）を入れるために使用する．調査のときは両手が自由になっていないと仕事にならないのでバックはどうしても必要である．市販品もあるが，使いやすければ何でもよい．

フィールドノート（e）　硬い表紙が付いたもので，各ページが方眼紙になっているものがよい．硬い表紙のフィールドノートは地層の走向・傾斜を測定するときの補助板として利用できる．また方眼紙はスケッチをしたり，柱状図を作成するとき便利である．

スケール（f）　化石の産状写真を写すとき使用する．

振り鎌（g）　刃の部分が直線状になっている鎌はあまり硬くない岩石の露頭であれば表面を平らに削ることができ，堆積構造や生痕化石を観察するのに便利である．

バール（h）　露頭の割れ目に挿し，こじって石を浮せ，化石を採集するのに使う．

タガネ（i, j, k, l）　丸タガネと平タガネがある．大きめのものを一つずつ持っていればよいであろう．

折り尺（m）　地層の厚さを測定したり，写真のスケールに使う．延ばせば長さが1mのスケールになるし，たためばバックにしまうことができるので大変便利である．スチール製の小型巻尺でもよいが砂が入るとすぐ駄目になってしまうことがある．

クリノメーター（n）　ハンマーと並んで調査にはかならず必要である．解説1で使用法を説明した．図示したのはクリノコンパスでクリノメーターより若干機能が多い．

バンド，ハンマーケース，クリノコンパスケース（p）　ハンマーとクリノメーターを腰に下げるために使用する．

リュックサック（q）　調査道具，化石採集道具などを入れるのに使う．

巻尺（r）　露頭の長さを測定したりするのに使用する．

古新聞紙（s） 採集した化石や岩石を包むのに使用する．

化石採集用具は，採集する化石の種類や岩石の硬さによって使用するものが大きく異なる．上に示したのは第三系など固結があまり進んでいない比較的柔らかい岩石からなる露頭から，貝化石などを採集するのに使用される道具である．

調査道具や化石採集の道具は，ハンマーとクリノメーターを除けば，これでなければならないというものはない．要は正確な調査ができ，化石が壊れずに採集できればよい．各自工夫されたい．

解説5　大型化石のクリーニング用具

室内で化石のクリーニングを行う際に使用する道具を以下に紹介する（図6.7）．

ハケ（a）　化石から取り除かれた岩片や砂粒を払うのに使用する．

歯ブラシ（b）　第三紀の貝化石の表面に付着している砂粒は歯ブラシでこするとよく落ちることがある．

ピンバイス（c）　本来は手動小型のドリルとして使用するものであるが，ドリルの代わりに針を付けて，化石のクリーニングに使用する．針の交換が容

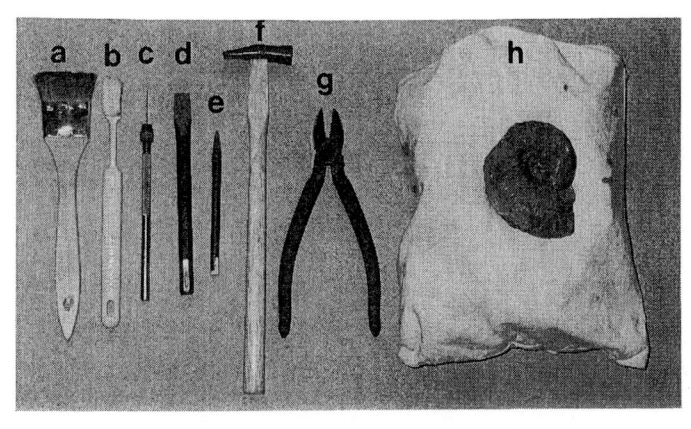

図 6.7　大型化石のクリーニングに使用される道具

解説 5　大型化石のクリーニング用具　　　　　　　　　　　　　　　161

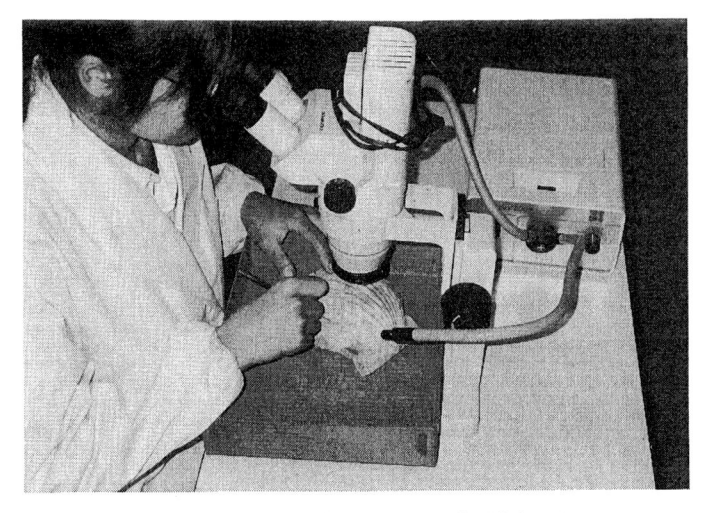

図 6.8　細かい部分のクリーニングは化石を双眼実体顕微鏡で見ながらピンバイスに付けた針の先で行う．非常に根気の必要な作業である．

易なので大変便利である．細かい部分のクリーニングには欠かせない道具である．非常に細かい部分は双眼実体顕微鏡下でクリーニングを行うこともある（図 6.8）．

タガネ（d, e）　小型の丸タガネと平タガネは比較的硬い岩石に入った化石を抽出する際使用する．

ハンマー（f）　小型の木工用ハンマー．タガネをたたくのに使う．

ニッパー（g）　化石の入った岩石の不用部分をこれで崩していく．この作業をハンマーとタガネで行うと，化石に大きな振動が加わり，予期せぬ部分から割れてしまうことがある．ニッパーを使用するとこのような振動を加えることなく不用部分を取り除ける．

砂袋（h）　化石を図のように砂袋の上に置いてクリーニングを行う．砂袋は化石を安定させ，タガネなどで与えた衝撃を吸収する効果がある．タガネとハンマーを用いて化石をクリーニングする際は必需品である．

　小さな箱を用意し，その中でクリーニングを行うと（図 6.8），岩片や砂粒が飛散するのを防げる．

非常にもろい標本は，適当な大きさの紙箱に石膏を流し込み基質ごと固めてしまう．石膏が固まった後，化石表面の基質を取り除き，石膏側に残った基質に木工用ボンドを薄く溶いたものを滲み込ませればしっかりとした標本が得られる．もろい標本が採集後に壊れるときは，基質ごと割れてしまうのが普通なので，基質を石膏で保持すれば標本も保持され，丈夫になる．

化石のクリーニングの最大のコツは時間をかけることである．一つの標本を仕上げるのに数日を要することもある．経験者ほど作業に長い時間をかける．

解説6　線方向の測り方

露頭で観察されたコヅツガイなど棒状化石の産出方向を測定する方法を説明する．まず，棒状物体を直線と仮定し，その直線を含む鉛直な平面を決定する．露頭では板などを用い，色々な角度から見て，板と棒状物体を含む鉛直な面を決定する．平面が決定したら，その平面の走向を測定する．次に直線が傾いている方向の傾斜角を測定する．この際，傾斜角には方向があるので，方向も合わせて記入しなくてはならない．たとえば，N 30°Eの鉛直面上に直線があったとき，その直線の傾きが水平か垂直でない限り，傾斜方向は北東か南西の2方向がありえる．もし，直線が北東に30度で傾斜していたなら，傾きはNE方向に30度となる．露頭では，板の上に棒状物体の延長線を書くと傾斜角を測定しやすい．

解説7　ステレオ投影

ステレオ投影では線と面を投影することができる．ここでは線を投影する方法を解説する．図6.9はステレオ投影の原理を示す．

一つの球において，中心Oを通る水平な円を基円と呼び，Oから基円に対して垂直に延長した直線と球とが接した点をA，Bと

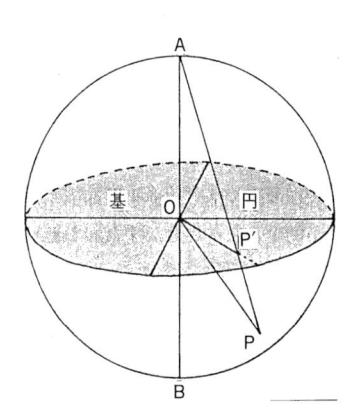

図6.9　ステレオ投影の概念図
　　　（鈴木，1983，付図1を改作）

する．基円を境として A を含む球の上半分を上半球，B を含む下半分を下半球と呼ぶ．

ある線分 OP を基円に投影してみよう．P は下半球の球の表面にある点で，線分 OP はこの P 点で代表されると約束する．この約束によってあらゆる方向の直線は点 O を通り，下半球の表面にある任意の点を結ぶことで表現することができ，球上の点で代表することが可能となる．ここで A と P を結ぶと基円上に P′ という点が通る．この点 P′ が線分 OP の基円に対する投影となる．これを下半球投影と呼ぶ．

図6.10 は基円である．いま，基円の頂点を北（N 点）とし基円を水平面と約束する．したがって，南（S），東（E），西（W）が基円上に定義される．ここで NS の走向を持つ鉛直面に含まれる直線の投影点をつなぐと，それらはかならず直線 NS 上に投影される．同様に N 2°E の垂直面に含まれる直線の投影点をつなぐと，それらはかならず N 2°E の走向を示す直線上に投影される．図の放射上の直線はこのようにして描かれたものである．

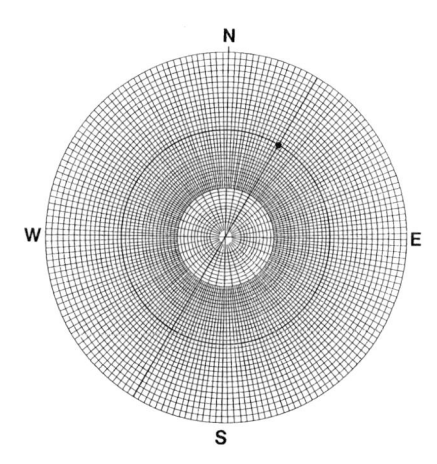

図 6.10 ステレオネットに，N 30°E の鉛直面上にあり 30°NE 方向に傾いた線を下半球投影した図

次に傾斜が 2 度の線分を考えてみよう．傾斜 2 度の線分とは図 6.9 から角度 POP′ が 2 度の点である．2 度の傾斜を有する線分を示す点をつないだ線が，基円のすぐ内側にある円（図 6.10）である．同様に 4 度，6 度，と角度を増やして点を結んでやると，図 6.10 のような同心円が描ける．したがって，同じ傾斜角を持つ線分は同じ同心円上にあることがわかる．

解説 6 で示した，N 30°E の鉛直面状にあって，30° 北東に傾斜している線分をこの基円に投影してみよう．この点は走向 N 30°E を示す直線上にある（図6.10 の太い直線）．また，傾斜は 30 度で傾いていることから傾斜 30 度を示す同心円上にある（図 6.10 の太い同心円の線）．この 2 線が交わる点は北東側と

6. 解　　説

日本古生物学会入会申込書

(□のある項目は会員名簿記載情報です．<u>名簿への掲載を望まない場合</u>は□にチェック（✔）を入れて下さい．)

氏名 _____　　氏名ローマ字 _____

生年月日（非公開）　_____年_____月_____日

□ E-mail［所属機関］：_____

□ E-mail［個人用］　：_____

学会誌等の送付先（どちらかに○をしてください）　　　自宅　・　所属先

□所属機関（在学校・学部名等）・現職（学年），あるいは職業

_____

□所属機関所在地　〒

_____

連絡先（所属機関）□Tel：_____　□Fax：_____

□自宅住所　〒

_____

連絡先（自宅）□Tel：_____　□Fax：_____

最終学歴　年　月　　　学校・学部・学科名等　　　　　　学位

参考事項（主な研究業績・他の所属学会・入会希望理由等）

_____

推薦者（本会会員1名）
　　　氏名および署名または捺印　　　　　所属または住所

_____

本会の会則を了承し，_____年度から日本古生物学会に入会を申し込みます．

入会者署名　　　　　（捺印）

20_____年_____月_____日　_____

|入会のご案内|　入会ご希望の方は入会申込書を下記にお送りください．

〒113-0033　東京都文京区本郷7-2-2　本郷MTビル401号室　日本古生物学会
電話　03-3814-5490，ファックス　03-3814-6216

入会には本会会員1名の紹介が必要です．お近くに会員がいない場合はその旨を参考事項に明記され，入会希望理由等をお書き添え願います．会費は日本古生物学会常務委員会で入会が承認された後に納入下さい．

|個人情報の取扱について|

入会申込書にご記入いただいた個人情報については，日本古生物学会が責任を持って管理し，学会の運営並びに会員への名簿配布，当会の開催事業のお知らせに必要な範囲内で利用させていただきます．当学会は協力会社に一部業務を委託しており，その業務に必要な個人情報を預託することがあります．

図 6.11　日本古生物学会入会申込書

南西側にあるが，線分は北東に傾斜しているので，北東側で交わった点が投影点となる．

なお，ステレオネットの詳細については，鈴木（1983）などの文献がある．

解説8　日本古生物学会の入会法

図6.11は日本古生物学会の入会申込書である．入会を希望する方はこの図をコピーして必要事項を記入し，下記へ申し込めばよい．なお，申し込みには学会の正会員2名の推薦が必要である．身近に推薦資格のある方がいない場合は，まず「化石友の会」という古生物学会が主催するアマチュア向けの会に入会するとよい．「化石友の会」の入会には特に資格は必要がない．下記に「化石友の会」へ入会したい旨，手紙で連絡すると必要書類の送付が受けられる．

〒113-0033　東京都文京区本郷 7-2-2
本郷MTビル401号室
日本古生物学会

引用文献

(4.2節の介形虫類に関する文献は本文中に示したので，省略してある)

秋元信一 (1992): 種とはなにか. pp. 79-124, 柴谷篤弘・長野 敬・養老猛司編: 生態学からみた進化〈講座 進化 7〉, 東京大学出版会, 東京, 329p.

Bailey, R. H. (1990) : Significance of hierarchical structure and scale in stratigraphy and paleoecology: an examole from the Pliocene North Carolina. pp. 236-272, In Miller W., III ed.: Paleocommunity Temporal Dynamics: the Long-term Development of Multispecies Assemblages, The Paleontological Society Special Publication published at the Department of Geological Sciences, The University of Tennessee, Knoxville, 421p.

Bromley, G. B. (1990) : Trace Fossils. Biology and Taphonomy, Unwin Hyman, London, 280p.

Boucot, A. J. (1983) : Does evolution take place in an ecological vacum? II. "'The time has come' the Walrus said…". *Journal of Paleontology*, **57**(1), 1-30.

Callender, W. R., Powell, E. N., Staff, G. M. and Davies, D. J. (1992) : Distinguishing autochthony, parautochthony and allochthony using taphofacies analysis: can cold sccp assemblages be distinguished from assemblages of the nearshore continental shelf? *Palaios*, **7**(4), 409-421.

Carroll, R. L. (1988) : Vertebrate Paleontology And Evolution, W. H. Freeman and Company, New York, 698p.

Cox, L. R. (1969) (with additions by Nuttall, C. P. and Trueman, E. R.) : General features of Bivlavia. pp. N3-N129. In Moore, R. C. (ed.) : Treatise on Invertebrate Paleontology, part N, vol. 1 (of 3), Mollusca 6, Geological Society of America, Inc. and University of Kansas Press, 489p.

Darwin, C. (1859) : On the Origin of Species by Means of Natural Selection, or the Preservation of Favoured Races in the Struggle for Life, John Murray, London, 502 p., 邦訳: 種の起源 (多数あり).

Dilly, P. N. (1993) : *Cephalodiscus graptolitoides* sp. nov. a probable extant graptolite. *Journal of Zoology, London*, **229**, 69-78.

Dott, R. H., Jr. and Bourgeois, J. (1982) : Hummocky stratification: significance of its variable bedding sequences. *Geological Society of America, Bulletin*, **93**, 663-680.

Eldredge, N. and Gould, S. J. (1972) : Punctuated Equilibria: An alternative to phyletic gradualism. pp. 82-115. In Schopf, J. M. (ed.) : Models in Paleontology, Freeman, Cooper and Company, San Francisco, 250p.

Eldredge, N. and Gould, S. J. (1977) : Evolutionary models and biostratigraphic strategies. pp. 25-40, In Kauffman, E. G. and Hazel, J. E. (eds.) : Concepts and Methods of Biostratigraphy. Dowden, Hutchinson and Ross, Inc., Stroudsburg, Pennsylvania, 658 p.

遠藤一佳 (1991)：分子古生物学の現状と展望. 化石, No. 51, 24-45.

Evans P. G. H. (1990) : Whales & Dolphins, Facts on Files, New York, Oxford, and Sydney, 342 p.

Feldman, R. M. (1989) : Whitening fossils for photographic purposes. pp. 342-346, In Feldman, R. M., Chapman, R. E. and Hannibal, J. H. (eds.) : Paleotechniques. The Paleontological Society Special Publication No. 4, Department of Geosciences, the University of Tennessee, Knoxville, 358 p.

福田 理 (1970-1971)：層位学（総論 その1-8). 地質ニュース, その 1, No, 196 (1970), 49-53；その 2, No. 198 (1971), 48-54；その 3, No. 200 (1971), 23-29；その 4, No. 201 (1971), 32-39；その 5, No. 202 (1971), 32-41；その 6, No. 204 (1971), 34-43；その 7, No. 206 (1971), 28-35；その 8, No. 208 (1971), 18-28.

Gould, S. J. (1989) : Wonderful Life. The Burgess Shale and the Nature of History, W. W. Norton and Company, New York and London, 347 p. 渡辺政隆訳 (1993)：ワンダフルライフ. バージェス頁岩と生物進化の物語, 早川書房, 東京, 506 p.

波部忠重 (1961)：続原色日本貝類図鑑, 保育社, 大阪, 183 p.

波部忠重 (1977)：日本産軟体動物分類学. 二枚貝綱/掘足綱, 北隆館, 東京, 372 p.

波部忠重・小菅貞男 (1967)：標準原色図鑑全集 3 貝, 保育社, 大阪, 223 p.

長谷川康雄 (1973)：C 珪藻類. pp. 32-50, 徳永重元・大森昌衛編：古生物各論. 第 1 巻—植物化石, 築地書店, 東京, 251 p.

Hedberg, H. D. (1970 a) : Preliminary Report on Lithostratigraphic Units. International Subcommission on Stratigraphic Classification, Repot No. 3, Montreal, Canada, 30 p.

Hedberg, H. D. (1970 b) : Preliminary Report on Stratotypes. International Subcommission on Stratigraphic Classification, Repot No. 4, Montreal, Canada, 39 p.

Hedberg, H. D. (1971 a) : Preliminary Report on Biostratigraphic Units. International Subcommission on Stratigraphic Classification, Repot No. 5, Montreal, Canada, 50 p.

Hedberg, H. D. (1971 b) : Preliminary Report on Chronostratigraphic Units. 39 p., International Subcommission on Stratigraphic Classification, Repot No. 6. Montreal, Canada.

Hickman, C. (1984) : Composition, structure, ecology, and evolution of six Cenozoic deep-water mollusk communities. *Journal of Paleontology*, **58**(5), 1215-1234.

肥後俊一・後藤芳央 (1993)：日本及び周辺地域産軟体動物総目録, エル貝類出版局, 八尾, 凡 3 p. +目 22 p. +693+文献 12 p. +索 148 p.

平野節生・小竹信宏 (1994)：バカガイの生き埋め実験. 日本古生物学会 1994 年年会講演予稿集, p. 127.

堀越増興・菊池泰二 (1976)：第 II 編 ベントス. pp. 149-437, 新崎盛敏・堀越増興・菊池泰二著：海藻・ベントス〈海洋基礎講座 5〉, 東海大学出版会, 東京, 451 p.

今井 静 (1990 MS)：貝化石に基づく土方層の古水深解析. 静岡大学理学部地球科学教室

卒業論文, 84p. (MSとはmanuscriptの意味で未公表原稿を指す).

International Code of Zoological Normenclature, Third Edition (1985). University of California Press, Berkley and Los Angeles, 338p.

Kidwell, S. M. (1991) : Taphonomy and time-averaging of marine shelly faunas. pp. 115-209, In Allison, P. A. and Briggs, D. E. G. (eds.) : Taphonomy. Releasing the Data Locked in the Fossil Record, Plenum Press, New York and London, 560p.

吉良哲明 (1959)：原色日本貝類図鑑．増補改定版，保育社，大阪，240p.

北村晃寿 (1994)：下部更新統大桑層上部に見られる氷河性海水準変動による堆積シーケンス．地質学雑誌, **100**(7), 463-476.

北村晃寿・近藤康生 (1990)：前期更新世の氷河性海水準変動による堆積サイクルと貝化石群集の周期的変化．地質学雑誌, **96**(1), 19-36.

Knight, J. B. (1952) : Primitive fossil gastropods and their bearing on gastropod classification. *Smithsonian miscellaneous collections*, **117**(13), 1-56, pls. 1-2.

Knight, J. B. and Yochelson, E. L. (1960) : Monoplacophora. pp. I 77-I 84. In Moore, R. C. (ed.) : Treatise on Invertebrate Paleontology, Part I, Mollusca 1, Geological Society of America, Inc. and University of Kansas Press, 351p.

Lajoie, J. and Stix, J. (1992) : 6. Volcanic rocks. pp. 101-118. In Walker, R. G. and James, N. P. (eds.) : Facies Models, Response to Sea Level Change, Geological Association of Canada, 409p.

Lemche, H. (1957) : A new living deep-sea mollusc of the Cambro-Devonian Class Monoplacophora. *Nature*, No. 4556, 413-416.

Linnaeus (Linné), C. (1758) : Systema Naturae per Regna Tria Naturae, Secundum Classes, Ordines, Genera, Species cum Characteribus, Differentis, Synonymis, Locis. Editio decima, reformata, Tom. I. Laurentii Salvii, Holmiae, 824p.

Majima, R. (1989) : Cenozoic fossil Naticidae (Mollusca : Gastropoda) in Japan. *Bulletins of American Paleontology*, **96**(331), 1-159.

間嶋隆一・石本裕巳 (1995)：泥質堆積物中に保存されたイベント－貝化石による復元－．日本古生物学会1995年年会講演予稿集, p. 34.

Marincovich, L., Jr. (1977) : Cenozoic Naticidae (Mollusca : Gastropoda) of the northeastern Pacific. *Bulletins of American Paleontology*, **70**(294), 169-494.

松島義章 (1984)：日本列島における後氷期の浅海性貝類群集－特に環境変遷に伴うその時間・空間的変遷－．神奈川県立博物館報告（自然科学), No. 15, 37-109.

Mayr, E. (1969) : Principles of Systematic Zoology, McGraw-Hill, New York, 428p.

Mayr, E. (1988) : Toward a New Philosophy of Biology. Observations of an Evolutionist, The Belknap Press of Harvard University Press. 八杉貞雄・新妻昭夫訳 (1994)：進化論と生物哲学．一進化学者の思索，東京化学同人，東京，545p.

Miyadi, D. (1941) : Ecological Survey of the benthos of the Ago-wan. *Annot. Zool. Japon*, **20**(3), 169-180.

Nishi, H. (1992) : Planktonic foriminiferal biostratigraphy of Middle Eocene to Early Oligocene rocks in southern Kyushu, Japan. pp. 143-174. In Ishizaki, K. and Saito, T.

(eds.) : Centernary of Japanese Micropaleontology. Contributed papers in honor of Professor Yokichi Takayanagi, Terra Scientific Publishing Company, Tokyo, 480p.

Nummedal, D. (1991) : Shallow marine storm sedementation-the oceanographic perspective. pp. 225-248. In Einsele, G., Ricken, W. and Seilacher, A. (eds.) : Cyclic and Events in Stratigraphy, Springer-Verlag, Berlin, 955p.

奥谷喬司・波部忠重 (1975 a)：学研中高生図鑑．貝 I．巻貝，学習研究社，東京，301p.

奥谷喬司・波部忠重 (1975 b)：学研中高生図鑑．貝 II．二枚貝 陸貝 イカタコ ほか，学習研究社，東京，294p.

Pojeta, J. (1987) : Phylum Mollusca. Part I. Phylum overview. pp. 270-293. In Boardman, R. S., Cheetham, A. H. and Rowell, A. J. (eds.) : Fossil Invertebrates, Blackwell Scientific Publications, Palo Alto, Oxford, London, Edinburgh, Boston, and Melborne, 713p.

Raup, D. M. and Stanley, M. S. (1978) : Principles of Paleontology. Second edition, W. H. Freeman and Company, San Francisco, 481p. 花井哲郎・小西健二・速水 格・鎮西清高訳 (1985)：古生物学の基礎，どうぶつ社，東京，425p.

Reineck, H. E. and Sigh, I. B. (1980) : Depositional Sedimentary Environments with Reference to Terrigenous Clatics. Second, revised and updated edition, Springer-Verlag, Berlin, Heidelberg, New York, 551p.

Rigby, S. (1993) : Graptolites come to life. *Nature*, **362**, 209-210.

Runnegar, B., Pojeta, J. Jr., Tyalor, M. E. and Collins D. (1979) : New species of the Cambrian and Ordovician chitons *Matthevia* and *Chelodes* frpm Wisconsin and Queensland : evidence for the early history of polyplacophoran mollusks. *Journal of Paleontology*, **53**(6), 1374-1394.

斎藤文紀 (1989)：陸棚堆積物の区分と暴風型陸棚における堆積相．地学雑誌，**98**(3), 164(350)-179(365).

斎藤常正 (1979)：第 2 章 現在の海洋底の堆積物. pp. 53-96. 勘米良亀齢・水谷伸治郎・鎮西清高編：地球表層の物質と環境 〈岩波講座 地球科学 5〉，岩波書店，東京，318p.

Savazzi, E. (1982) : Adaptation to tube dwelling in the Bivalvia. *Lethaia*, **15**(3), 275-297.

Seilacher, A., Reif, W. E. and Westphal, F. (1985) : Sedimentological, ecological and temporal patterns of fossil Lagerstätten. *Phil. Trans. R. Soc. London, B*, **311**, 5-23.

鹿間時夫 (1960)：石になったものの記録 〈角川新書 147〉，角川書店，東京，238p.

Stanley, S. M. (1970) : Relation of shell form to life habits of the Bivalvia (Mollusca). *Geological Society of America, Memoir* 125, 1-296.

杉村 新・中村保夫・井田喜明編 (1988)：図説地球科学．岩波書店，東京，266p.

鈴木博之 (1983)：付録 I．ステレオ投影とシュミット投影．pp. 316-331, 砕屑性堆積物研究会編：堆積物の研究法—礫岩・砂岩・泥岩— 〈地学双書 24〉，地学団体研究会，東京，377p.

高柳洋吉 (1973)：2 有孔虫類．pp. 65-95．浅野 清編：新版古生物学 I，朝倉書店，東京，401p.

Thorson, G. (1957) : Chapter 17. Bottom communities (sublittoral or shallow shelf). pp.

461-534, In Hedgpeth, J. W. (ed.) : Treatise on marine ecology and paleoecology. *The Geological Society of America, Memoir* 67, 1296p.

魚住堅司 (1974)：有明海のウミタケ採集記. ちりぼたん, 8(1), 5-11, pl. 1.

Walker, R. G. (1984) : Shelf and shallow marine sand. pp. 141-170. In Walker, R. G. (ed.) : Facies Models, Second edition, Geoscience Canada, Reprint Series 1, Toront, 317p.

Walker, R. G. and Plint, A. G. (1992) : Wave-and storm-dominated shallow marine systems. pp. 219-238. In Walker, R. G. and James, N. P. (eds.) : Facies models, Response to Sea Level Change, Geological Association of Canada, 409p.

渡辺千尚 (1992)：国際動物命名規約提要, 文一総合出版, 東京, 133p.

Watters, G. T. (1993) : Some aspects of the functional morphology of the shell of infuanal bivalves (Mollusca). *Malacologia*, **35**(2), 325-342.

日本語索引

ア 行

亜種　42, 51
亜種小名　51
亜属　50
亜属名　51
亜中央瘤　115
網状装飾　115
アンモナイト　31

遺骸群集　27
生きた化石　15
異所的　41
異所的種分化　45
異歯類　36
一次的異物同名　52
遺伝子操作　14
遺伝情報　14
異物同名　52
印画紙　149

右殻　112
内側陸棚　82
ウミタケガイ　69
ウラン―鉛 (U-Pb) 法　31
上皿天秤　101

エディアカラ動物群　24
塩化アンモニウム　145
円弧梁　114
縁辺毛細管　120

大桑層　85
親潮　33
折り尺　159
オルソ印画紙　74

カ 行

科　50
界　30, 50
階　30
外縁　112
外縁線　112
貝殻集積層　25
介形虫　95
塊状　59
海進層　14
海水準変動　94
海成層　31
階層性　50
海底表層の微小生物　59
外套膜　9
外浜　25, 82
化学的破壊　20
殻高　112
各脱皮齢の殻　112
殻長　112
殻幅　112
過酸化水素法　157
火山岩　20
火山灰層　88
化石　2
化石帯　31
化石友の会　138, 165
化石燃料　19
可動性　22
花粉　94
上半球　163
カラーネガ　74
殻の内側表面　116
カラーリバーサル　74
カリウム―アルゴン (K-Ar) 法

31
環境汚染　33
環境条件によって生じた生態的な形質　110
岩相層序学的単位　31
含泥率　58, 157
陥没溝　115
完模式標本　53
眼瘤　115
寒流系　34

紀　30
期　30
基円　162
機械的破壊　20
気候変動　94
記載分類学　11
基質　58
機能的　10
機能的制約　11
客観的同物異名　52
凝灰質砂岩　156
凝灰質泥岩　156
曲体亜門　13
筋痕（筋肉付着痕）　8, 118

空中写真　88
クリノコンパスケース　159
クリノメーター　153, 159
黒潮　33
黒バック　148
群集スライド　104, 108
群集生態学　100

系　30
珪酸塩補償深度　23

日本語索引

傾斜　57, 152
傾斜角目盛　154
傾斜計　154
形態種　47
系統的　10
系統的制約　10
系列進化　14
検鏡　99
現考古生物学　127
現行説　127
原鰓類　36
現生アナログ　128
元素組成　127
懸濁物食者　59
ゲンノー　158

綱　12, 50
後縁　112
構造的　10
構造的制約　10
合弁殻　110
国際動物命名規約　51
苔虫　67
古水深　35
古生代　28
互層　59
個体群　40
古地磁気　31
固着性　22
コヅツガイ　67
コノドント　94
琥珀　21
コリオリの力　83
コンピューター　139
棍棒状　115

サ 行

採集地不明標本　63
採集データ　63
砕屑物　58
　——の粒径区分　155
細壁　115
細胞質不和合性　41
左殻　112
砂質泥岩　58, 156

35mm 一眼レフ　140
散布用トレイ　104, 105
三葉虫　31

時間層序学的単位　33
時間平均化　28
死後移動　59
示準化石　31
歯状　115
自生　27
自然史　3
自然史科学標本　64
歯槽　112
示相化石　33
下半球　163
下半球投影　163
種　12, 42, 50
褶曲　152
雌雄同体　47
主観的同物異名　52
種小名　51
種の進化の漸移観　44
種の進化の断続平衡観　44
種分化　14
種名　51
ジュラシックパーク　15
準自生　27
小窩　115
上科　50
小抗　113
蒸発岩　20
蒸発皿　98, 100
縄文海進　34
白黒のフィルム　74
白バック　148
深海　36
進化学　14
新生代　28
深潜没者　22
靱帯　116
振動流　28

水管　9
スケール　159
ステレオ投影　162

砂袋　161
スライドグラス　107

背　112
世　30
斉一説　5, 124
静穏時波浪作用限界水深　81
生痕化石　19
生殖関係　42
生殖的隔離　41, 42
生層序学　30
生層序学的単位　33
成体　112
性的二型　42, 112
生物温度計　127
生物群集　27
生物擾乱　59
生物的破壊　20
生物分類学　3
生理種　40
整理用スライド　106, 107, 108
絶対年代　30
絶滅　16
前縁　112
先取権　52
漸深海　36
浅潜没者　22
前頭筋痕　118
線方向　162

層（累層）　33
双眼実体顕微鏡　107
層群　33
走向　57, 152
走査型電子顕微鏡　121
相似　11
双神経亜門　13
相同　10
層理面　57, 152
属　50
側視　112
側方伸張　114
属名　51
祖先帰り　16
外側陸棚　82

日本語索引

ゾルンホーヘン動物群　24

タ 行

代　30
大顎痕　118
大顎支点　119
体化石　19
堆積構造　82
堆積サイクル　88
堆積相解析　84
堆積物食者　36, 59
堆積プロセス　79
タイラー標準篩　98
高潮　83
高鍋層　56
タガネ　159, 161
凧糸　70
他生　27
脱皮齢　112
タホノミー　27
多毛類の棲管　67
単孔スライド　107
炭酸カルシウム補償深度　23
淡水層　31
単数形　42
単層　33, 152
断層　152
炭素 14 (^{14}C) 法　31
単板類　16
暖流系　33

地衡流　82, 83
地質学　3
地質年代表　28
チゼルタイプ　158
窒息死　76
中央筋痕　118
中・大型カメラ　141
中生代　28
調査バック　159
蝶番い　112, 116
蝶番い耳殻　112
直体亜門　13
地理学　3
地理的変異　42

ツルハシ　159

泥質砂岩　156
底生　22
底生生物　14
底層流　83
定方向サンプリング　61
摘出個体数　100
摘出皿　103, 104
電気乾燥器　98, 100
テンペスタイト　26, 83

統　30
同位体組成　127
透過型電子顕微鏡　121
同所的　40
套線　9
套線湾入　9
逃避行動　76
同物異名　52
動物地理区　31
同胞種　42
刺　115
土石流　58
トラガカントガム　108

ナ 行

内在生　22
内生　22
ナノ化石　31
ナフサ法　157
ナミガイ　68
軟体動物　12

二次的異物同名　52
ニッパー　161
日本古生物学会　138, 165
二命名法　51
乳頭状の突起　115

ヌノメアカガイ　65

ネオピリナ　16
ねじり鎌　93, 159
ねじれ（巻貝）　16

年代区分　30

ハ 行

歯　112
背縁　112
背縁過等分　112
背縁筋痕　118
バイオストラティノミィ　27
背甲　110
バクテリア　94
バクテリアマット　24
ハケ　160
バージェス頁岩　2
バージェス動物群　24
歯ブラシ　160
腹　112
バライタ紙　149
針状　115
パール　159
波浪　83
バンド　159
ハンマー　158, 161
ハンマーケース　159
ハンモック状構造　83
ハンモック状斜交層理　26, 83

ヒザラガイ　9
被写界深度　143
微小孔　113
ピックタイプ　158
筆石　16
氷河　34
表現型　42
表在生　22
表生　22
表面　113
表面装飾　113
ピリナ　16
ピンバイス　160

ファイバースコープ　107
フィールドノート　159
腹縁　112
複合流　83
副模式標本　53

日本語索引

フジツボ　67
不整合　87
腐肉食者　25
浮遊性　22
ブラックニング　146
プランクトン　23
古新聞紙　160
フロック　82
分岐進化　14
分岐分類学　12
分級　58
文献の引用　149
分類体系　12

閉殻筋　8
閉殻筋痕　118
変異　110
偏角補正　153

方位磁針　153
方位目盛　153
放射梁　114
暴風　25
暴風型陸棚　81
暴風作用　81
暴風時波浪作用限界水深　81
ホワイトニング　145

マ　行

巻尺　159

マリンスノー　23
マンモス　18

無堆積状態　91

命名規約　42
メッシュ　99

目　50
模式標本　52
モロブタ　63
門　50

ヤ　行

薬包紙　101

遊泳性　22
有穴トレイ　106
有限母集団　101
有孔虫　30, 95
油煙　146

葉縁　115
幼体　112
葉理　59, 152

ラ　行

ラーゲルシュタッテン　24
乱泥流　26, 82

理科年表　153
陸成層間　31
陸棚　36
陸棚堆積物　81
リーフ（礁）　25
離弁殻　110
硫酸ナトリウム法　157
瘤状　115
粒度　58
リュックサック　159
リンネ　51

ルートマップ　87
ルビジウム—ストロンチウム
　（Rb-Sr）法　31

歴史科学　3
裂罅堆積物　22
レンジチャート　31

露頭　57

ワ　行

ワープロ　139
ワンダフルライフ　13

外国語索引

A

abyssal(深海) 36
actualism(現行説) 127
adductor muscle(閉殻筋) 8
adductor muscle scars(閉殻筋痕) 118
adult(成体) 112
adult-n(各脱皮齢の殻) 112
Age(期) 30
allochthonous(他生) 27
allopatric(異所的) 41
allopatric speciation(異所的種分化) 45
alternation(互層) 59
AMPHINEURA(双神経亜門) 13
anagenesis(系列進化) 14
analogue(現生アナログ) 128
analogy(相似) 11
anterior(前) 112
anterior margin(前縁) 112
autochthonous(自生) 27

B

bathyal(漸深海) 36
bedding plain(層理面) 22
benthic(底生) 22
binominal nomenclature(二命名法) 51
biostratigraphic unit(生層序学的単位) 33
biostratigraphy(生層序学) 30
biostratinomy(バイオストラティノミィ) 27
bioturbation(生物擾乱) 59
bivalve(合弁殻) 110
body fossil(体化石) 19

C

calcium carbonate compensation depth(炭酸カルシウム補償深度) 23
carapace(合弁殻) 110
central muscle scars(中央筋痕) 118
chronostratigraphic unit(時間層序学的単位) 33
cladistic taxonomy(分岐分類学) 12
cladogenesis(分岐進化) 14
Class(綱) 12, 50
clastics(砕屑物) 58
clavate spine(棍棒状) 115
combined flow(複合流) 83
concentric ridge(円弧梁) 114
CYRTOSOMA(曲体亜門) 13

D

debris flow(土石流) 58
deep burrower(深潜没者) 22
denticle(歯状) 115
deposit feeder(堆積物食者) 36
DIASOMA(直体亜門) 13
dip(傾斜) 152
DNA 41
dorsal(背) 112
dorsal margin(背縁) 112
dorsal muscle scars(背縁筋痕) 118

E

epifaunal(表在生) 22
Epoch(世) 30
Era(代) 30
Erathem(界) 30
escape reaction(逃避行動) 76
evaporite(蒸発岩) 20
eye tubercle(眼瘤) 115
external surface(表面) 113

F

facies fossil(示相化石) 33
fairweather wave base(静穏時波浪作用限界水深) 81
Family(科) 50
faulting(断層) 152
female(雌) 112
fine ornamentation(細かな模様) 113
flange(葉縁) 115
flocs(フロック) 82
folding(褶曲) 152
Formation(累層) 33
fossa(小窩) 115
fossil(化石) 2
fossil zone(化石帯) 31
foveolae(小抗) 113
frontal muscle scar(前頭筋痕) 118
fulcral point(大顎支店) 119
functional(機能的) 10

G

generic name(属名) 51
Genus(属) 50
geography(地理学) 3
geology(地質学) 3
geostrophic flow(地衡流) 82, 83
gradualism(種の進化の漸移観) 44
grain size(粒度) 58
Group(層群) 33

H

height(殻高) 112
heterodonts(異歯類) 36
hierarchy(階層性) 50
hinge(蝶番い) 112, 116
hinge ear(蝶番い耳殻) 112
historical sciences(歴史科学) 3
holotype(完模式標本) 53
homology(相同) 10
homonym(異物同名) 52
hummocky cross stratification(ハンモック状斜交層理) 83

I

igneous rodk(火山岩) 20
index fossil(示準化石) 31
infaunal(内在生) 22
inner shelf(内側陸棚) 82
internal surface(殻の内側表面) 116
International Code of Zoological Nomenclature(国際動物命名規約) 51

J

juvenile(幼体) 112

K

Kingdom(界) 50

L

Lagerstätten(ラーゲルシュタッテン) 24
laminae, lamina(複)(葉理) 59, 152
lateral extension(側方伸張) 114
lateral view(側視) 112
left valve(左殻) 112
length(殻長) 112
ligament(靱帯) 116
Linné(リンネ) 51
lithostratigraphic unit(岩相層序学的単位) 31
living fossil(生きた化石) 15

M

male(雄) 112
mandibular scars(大顎痕) 118
mantle(外套膜) 9
marginal line(外縁線) 112
marginal pore canales(縁辺毛細管) 120
marine snow(マリンスノー) 23
massive(塊状) 59
matrix(基質) 58
meiobenthos(海底の表層の微小生物) 59
member(単層) 33
molting stage(脱皮齢) 112
Monoplacophora(単板類) 16
mud content(含泥率) 58
muddy sand(泥質砂岩) 156
murus(細壁) 115

muscle scar(筋痕：筋肉付着痕) 8

N

natural history(自然史) 3
nektonic(遊泳性) 22
Neopilina(ネオピリナ) 16
node(比較的大きな瘤) 115
normal pore canal(微小孔) 113

O

objective synonym(客観的同物異名) 52
Order(目) 50
outer margin = outline(外縁) 112
outer shelf(外側陸棚) 82
overreach(背縁過等分) 112

P

pallial line(套線) 9
pallial sinus(套線湾入) 9
papilla(乳頭状の突起) 115
paratypes(副模式標本) 53
parautochtonous(準自生) 27
Period(紀) 30
phenotype(表現型) 42
Phyllum(門) 50
phylogenic(系統的) 10
physiological species(生理種) 40
picking tray(摘出皿) 103
Pilina(ピリナ) 16
planktonic(浮遊性) 22
population(個体群) 40
posterior(後) 112
posterior margin(後縁) 112
post-mortem transportation(死後移動) 59
primary homonym(一次的異物同名) 52
protobranchs(原鰓類) 36
punctae(円い小さな窪みの斑紋) 115
punctuated equilibrium(種の進化の断続平衡観) 44

R

radial ridge(放射梁) 114
RC タイプ 149
reticulation(網状装飾) 115

right valve(右殻) 112
RNA 41

S

sandy mud(砂質泥岩) 58, 156
scavenger(腐肉食者) 26
SCD : squared chord distance 132
secondary homonym(二次的異物同名) 52
SEM : scanning electron microscope(走査型電子顕微鏡) 121
Series(統) 30
sessile(固着性) 22
sexsual dimorphism(性的二型) 42, 112
shallow burrower(浅潜没者) 22
shelf(陸棚) 36
shoreface(外浜) 82
sibling species(同胞種) 42
single bed(単層) 152
socket(歯槽) 112
sorting(分級) 58
Species(種) 50
species name(種名) 51
specific name(種小名) 51
spine(刺，針状) 115
Stage(階) 30
storm(暴風) 25
storm dominated shelf(暴風型陸棚) 81
storm wave base(暴風時波浪作用限界水深) 81
strike(走向) 152
structural(構造的) 10
subcentral tubercle(亜中央瘤) 115
subgenus(亜属，亜属名) 50, 51
subjective synonym(主観的同物異名) 52
subspecies(亜種) 42, 51
subspecific name(亜種小名) 51
sulcus(陥没溝) 115
Superfamily(上科) 50
surface ornamentation(表面装飾) 113
sympatric(同所的) 40
synonym(同物異名) 52
System(系) 30

T

taphonomy(タホノミー) 27

taxonomy（生物分類学） 3
tempestite（テンペスタイト） 26, 83
TEM：transmission electron microscope（透過型電子顕微鏡） 121
time averaging（時間平均化） 28
tooth（歯） 112
torsion（巻貝における体のねじれ） 16
trace fossil（生痕化石） 19
tragacanth gum（トラガカントガム） 108
tubercle（瘤状） 115
tuffaceous mud（凝灰質泥岩） 156
tuffaceous sand（凝灰質砂岩） 156

turbidity current（乱泥流） 26, 82

U・V・W

uniformitarianism（斉一説） 5, 127

vagile（可動性） 22
valve（離弁殻） 110
ventral（腹） 112
ventral margin（腹縁） 112

width（殻幅） 112

著者略歴

間嶋隆一（まじまりゅういち）
- 1955年 東京都に生まれる
- 1978年 横浜国立大学教育学部卒業
- 1985年 筑波大学大学院地球科学研究科博士課程修了
- 現在 横浜国立大学教育人間科学部教授
  理学博士

池谷仙之（いけやのりゆき）
- 1938年 東京都に生まれる
- 1964年 横浜国立大学学芸学部卒業
- 1969年 東京大学大学院理学研究科博士課程修了
  静岡大学名誉教授
- 2010年 逝去
  理学博士

古生物学入門（普及版）

定価はカバーに表示

- 1996年1月20日　初　版第1刷
- 2008年4月25日　　　　第5刷
- 2012年6月25日　普及版第1刷
- 2019年8月25日　　　　第4刷

著者　間　嶋　隆　一
　　　池　谷　仙　之

発行者　朝　倉　誠　造

発行所　株式会社 朝　倉　書　店
東京都新宿区新小川町 6-29
郵便番号 162-8707
電　話 03(3260)0141
FAX 03(3260)0180
http://www.asakura.co.jp

〈検印省略〉

© 1996〈無断複写・転載を禁ず〉　印刷／製本 デジタルパブリッシングサービス

ISBN 978-4-254-16274-5　C 3044　　Printed in Japan

JCOPY 〈出版者著作権管理機構 委託出版物〉

本書の無断複写は著作権法上での例外を除き禁じられています．複写される場合は，そのつど事前に，出版者著作権管理機構（電話 03-5244-5088, FAX 03-5244-5089, e-mail: info@jcopy.or.jp）の許諾を得てください．

好評の事典・辞典・ハンドブック

火山の事典（第2版）	下鶴大輔ほか 編	B5判 592頁
津波の事典	首藤伸夫ほか 編	A5判 368頁
気象ハンドブック（第3版）	新田 尚ほか 編	B5判 1032頁
恐竜イラスト百科事典	小畠郁生 監訳	A4判 260頁
古生物学事典（第2版）	日本古生物学会 編	B5判 584頁
地理情報技術ハンドブック	高阪宏行 著	A5判 512頁
地理情報科学事典	地理情報システム学会 編	A5判 548頁
微生物の事典	渡邉 信ほか 編	B5判 752頁
植物の百科事典	石井龍一ほか 編	B5判 560頁
生物の事典	石原勝敏ほか 編	B5判 560頁
環境緑化の事典	日本緑化工学会 編	B5判 496頁
環境化学の事典	指宿堯嗣ほか 編	A5判 468頁
野生動物保護の事典	野生生物保護学会 編	B5判 792頁
昆虫学大事典	三橋 淳 編	B5判 1220頁
植物栄養・肥料の事典	植物栄養・肥料の事典編集委員会 編	A5判 720頁
農芸化学の事典	鈴木昭憲ほか 編	B5判 904頁
木の大百科［解説編］・［写真編］	平井信二 著	B5判 1208頁
果実の事典	杉浦 明ほか 編	A5判 636頁
きのこハンドブック	衣川堅二郎ほか 編	A5判 472頁
森林の百科	鈴木和夫ほか 編	A5判 756頁
水産大百科事典	水産総合研究センター 編	B5判 808頁

価格・概要等は小社ホームページをご覧ください．